智能制造高技能人才培养规划丛书

EPLAN电气制图技术
与工程应用实战

工控帮教研组／编著

电子工业出版社

Publishing House of Electronics Industry

北京·BEIJING

内 容 简 介

EPLAN 作为电气系统的计算机辅助设计时代先锋,一直为电气规划、工程设计和项目管理领域提供智能化软件解决方案和专业化服务。本书以 EPLAN Electric P8 2.3 为基础,系统地介绍 EPLAN 的基本功能,并结合案例讲解 EPLAN 在实际项目中的应用。

全书共 7 章,分为 3 个部分:第一部分由第 1 章和第 2 章组成,主要介绍 EPLAN 的存储位置、模板、栅格、图形等基础知识和安装要点;第二部分由第 3~5 章组成,通过 EPLAN 的三个实际应用案例,详细介绍符号的使用、关联参考、端子排和电缆的设计、部件设计、2D 安装板设计、报表设计等操作要点;第 3 部分由第 6 章和第 7 章组成,主要通过自动推焦车控制设计实例介绍 EPAN Pro Panel 软件安装、新建项目、绘制 3D 模型图等实用知识。

本书结合作者多年来使用 EPLAN 的经验,以实际工程项目为例讲解 EPLAN 的应用技巧,具有由浅入深、以点带面、理论与实践相结合的特点,非常适合广大电气工程技术人员和大中专院校的师生阅读。

图书在版编目(CIP)数据

EPLAN 电气制图技术与工程应用实战/工控帮教研组编著. —北京:电子工业出版社,2022.7
(智能制造高技能人才培养规划丛书)

ISBN 978-7-121-43723-6

Ⅰ. ①E… Ⅱ. ①工… Ⅲ. ①电气制图—计算机制图—应用软件 Ⅳ. ①TM02-39

中国版本图书馆 CIP 数据核字(2022)第 097117 号

责任编辑:张　楠
印　　刷:北京雁林吉兆印刷有限公司
装　　订:北京雁林吉兆印刷有限公司
出版发行:电子工业出版社
　　　　　北京市海淀区万寿路 173 信箱　邮编　100036
开　　本:787×1092　1/16　印张:12.25　字数:313.6 千字
版　　次:2022 年 7 月第 1 版
印　　次:2022 年 7 月第 1 次印刷
定　　价:59.00 元

本书编委会

主　编：余德泉

副主编：吕　平　李　芳

前言
PREFACE

随着德国工业 4.0 的提出，中国制造业向智能制造方向转型已是大势所趋。工业机器人是智能制造业最具代表性的装备。根据 IFR（国际机器人联合会）发布的最新预测，未来十年，全球工业机器人销量年平均增长率将保持在 12%左右。

当前，工业机器人替代人工生产已成为未来制造业的必然，工业机器人作为"制造业皇冠顶端的明珠"，将大力推动工业自动化、数字化、智能化的早日实现，为智能制造奠定基础。然而，智能制造发展并不是一蹴而就的，而是从"自动信息化""互联化"到"智能化"层层递进、演变发展的。智能制造产业链涵盖智能装备（机器人、数控机床、服务机器人、其他自动化装备）、工业互联网（机器视觉、传感器、RFID、工业以太网）、工业软件（ERP/MES/DCS 等）、3D 打印及将上述环节有机结合起来的自动化系统集成和生产线集成等。

根据智能制造产业链的发展顺序，智能制造需要先实现自动化，然后实现信息化，再实现互联网化，最后才能真正实现智能化。工业机器人是实现智能制造前期最重要的工作之一，是联系自动化和信息化的重要载体。智能装备和产品是智能制造的实现端。围绕汽车、机械、电子、危险品制造、国防军工、化工、轻工等应用需求，工业机器人将成为智能制造中智能装备的普及代表。

由此可见，智能装备应用技术的普及和发展是我国智能制造推进的重要内容，工业机器人应用技术是一个复杂的系统工程。工业机器人不是买来就能使用的，还需要对其进行规划集成，把机器人本体与控制软件、应用软件、周边的电气设备等结合起来，组成一个完整的工作站方可进行工作。通过在数字工厂中工业机器人的推广应用，不断提高工业机器人作业的智能水平，使其不仅能替代人的体力劳动，而且能替代一部分脑力劳动。因此，以工业机器人应用为主线构造智能制造与数字车间关键技术的运用和推广显得尤为重要，这些技术包括机器人与自动化生产线布局设计、机器人与自动化上下料技术、机器人与自动化精准定位技术、机器人与自动化装配技术、机器人与自动化作业规划及示教技术、机器人与自动化生产线协同工作技术及机器人与自动化车间集成技术，通过建造机器人自动化生产线，利用机器手臂、自动化控制设备或流水线自动化，推动企业技术改造向机器化、自动化、集成化、生态化、智能化方向发展，从而实现数字车间制造过程中物质流、信息流、能量流和资金流的智能化。

近年来，虽然多种因素推动着我国工业机器人在自动化工厂的广泛使用，但是一个越来越大的问题清晰地摆在我们面前，那就是工业机器人的使用和集成技术人才严重匮乏，甚至阻碍这个行业的快速发展。哈尔滨工业大学机器人研究所所长、长江学者孙立宁教授指出：

按照目前中国机器人安装数量的增长速度，对工业机器人人才的需求早已处于干渴状态。目前，国内仅有少数本科院校开设工业机器人的相关专业，学校普遍没有完善的工业机器人相关课程体系及实训工作站。因此，学校老师和学员都无法得到科学培养，从而不能快速满足产业发展的需要。

工控帮教研组结合自身多年的工业机器人集成应用技术和教学经验，以及对机器人集成应用企业的深度了解，在细致分析机器人集成企业的职业岗位群和岗位能力矩阵的基础上，整合机器人相关企业的应用工程师和机器人职业教育方面的专家学者，编写"智能制造高技能人才培养规划丛书"。按照智能制造产业链和发展顺序，"智能制造高技能人才培养规划丛书"分为专业基础教材、专业核心教材和专业拓展教材。

专业基础教材涉及的内容包括触摸屏编程技术、运动控制技术、电气控制与 PLC 技术、液压与气动技术、金属材料与机械基础、EPLAN 电气制图、电工与电子技术等。

专业核心教材涉及的内容包括工业机器人技术基础、工业机器人现场编程技术、工业机器人离线编程技术、工业组态与现场总线技术、工业机器人与 PLC 系统集成、基于 SolidWorks 的工业机器人夹具和方案设计、工业机器人维修与维护、工业机器人典型应用实训、西门子 S7-200 SMART PLC 编程技术等。

专业拓展教材涉及的内容包括焊接机器人与焊接工艺、机器视觉技术、传感器技术、智能制造与自动化生产线技术、生产自动化管理技术（MES 系统）等。

本书内容力求源于企业、源于真实、源于实际，然而因编著者水平有限，错漏之处在所难免，欢迎读者关注微信公众号 GKYXT1508 进行交流。

与本书配套的资源已上传至华信教育资源网（www.hxedu.com.cn），读者可下载使用。若在下载过程中遇到问题，可以发送邮件至 zhangn@phei.com.cn，或者直接在公众号 GKYXT1508 留言，索取配套资料。

工控帮教研组

■ 目 录
CONTENTS

第 1 章

初识 EPLAN

本章先介绍 EPLAN 软件及其发展历史，将其与传统 CAD（Computer Aided Design）软件进行比较，体现出 EPLAN 软件的优势；然后介绍 EPLAN 软件的安装、软件结构和数据结构，使读者对 EPLAN 软件有初步了解。

1.1　EPLAN 软件介绍

EPLAN 软件是由德国 EPLAN 公司开发的电气自动化设计和管理软件，应用较为广泛。

1. 高效的画图软件

EPLAN 软件提供了不同标准的符号库。电气设计人员可方便地绘制代表部件的图形符号；基于数据库的连线表示方式，无需绘制导线即可实现部件的电气连接。

2. 高效的设计软件

EPLAN 软件提供了元器件库的链接，方便电气设计人员选型；基于完整的设计信息，通过表格、图表或图形化的方式展示用户的使用要求。图 1-1 为 EPLAN Electric P8 主界面。

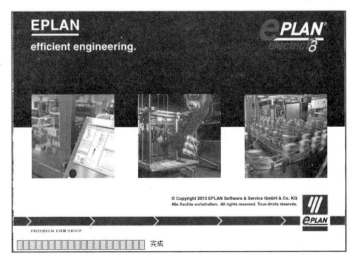

图 1-1　EPLAN Electric P8 主界面

3. 高效的设计平台

EPLAN 软件是电气领域中的计算机辅助工程 CAE（Computer Aided Engineering）软件。CAE 利用计算机对电气产品或工程进行设计、分析、仿真、制造和数据管理。

EPLAN 软件以电气设计为核心平台，同时将液压、气动、工艺流程、仪表控制、柜体安装、三维布置、仿真设计、制造等多专业的设计和管理统一扩展到同一平台上，实现跨专业、多领域的集成设计。

1.2 EPLAN 的发展历史

EPLAN 公司成立于 1984 年，总部位于德国。EPLAN 公司的软件产品主要包括 EPLAN 5、EPLAN 21、EPLAN Electric P8、EPLAN PPE 等。

1. EPLAN 5

EPLAN 5 是标准的电气 CAE 系统，在项目设计的各个阶段为设计工程师提供全面的支持，通过与其他应用程序的数据沟通，可以创造出高度整合的系统环境。其界面功能不仅可以跨越国际和行业的界限，而且可以大幅度地缩短很多自动化功能的开发周期。

2. EPLAN 21

EPLAN 21 的特点是无语言障碍和不依赖标准，适用于国际化的电气工程项目。在设计阶段，EPLAN 21 具有广泛的宏、符号库和自动生成功能，节省了开发时间，降低了经济成本。此外，EPLAN 21 具有良好的开放性。用户可自行决定开发工作的起点，通过通用的界面和应用程序接口（API）使数据交换得以优化，从而方便、快捷地将 EPLAN 21 整合到用户的过程链中。同时，它还为用户提供丰富的插件，如增强插件、翻译插件、接口插件、协同插件等。

3. EPLAN Electric P8

EPLAN Electric P8 具有一体化、集成性的特点，可实现对 EPLAN 5 和 EPLAN 21 两种软件版本的数据兼容，在共用平台上实现各种 CAE 体系之间的通用功能。EPLAN Electric P8 集成了图形编辑器、用户权限管理和阅读器数据库。EPLAN Electric P8 在统一的平台上工作，信息来自于共同的数据库，无需附加接口，解决了多次数据输入及数据不一致的问题。此外，平台还包括其他功能，如在线/离线翻译和修订功能。EPLAN Electric P8 在所有应用中采用统一的外观界面，简化了用户操作。此外，通过宏变量技术，用户可以在面向图形和面向对象两种工作方式之间灵活选择，大幅缩短了设计时间。

4. EPLAN PPE

EPLAN PPE 是为复杂工程提供的解决方案，主要应用在工厂规划、生产流程设计、过程控制等领域，可为检测、控制和自动化技术提供支持。EPLAN PPE 对复杂工程设计的效果较为显著，数据库也具有对其他企业数据的管理功能，包括多用户管理和项目成本跟踪等。此外，EPLAN 公司还开发了具备 2D/3D 设计能力、用于机械制造领域的 LOGOCAD TRIGA、根据高效配电柜设计标准开发的 EPLAN Cabinet，以及可按照用户要求定制的种类丰富的模块、插件和数据库等。

1.3 EPLAN 的特点

1．操作简单

EPLAN 采用用户图形界面（GUI），操作便捷，可实现元器件的自动连线，电缆、端子和元器件的自动编号等。EPLAN 还具有丰富的模板、符号库和元器件库，以便帮助用户快速生成设计文件，提高制图效率。

2．面向国际化应用

EPLAN 是面向国际化应用的软件工具，允许用户按照不同国家的标准和语言来设计电气工程项目。EPLAN 支持大部分针对原理图、符号和图表方面的标准，也支持不同的语言，可根据用户需要，在同一文件中出现不同的语言。

3．支持在线翻译

EPLAN 具备的在线翻译功能克服了工程设计过程中的语言障碍，便于国际交流。无论输入何种语言，都可以通过在线翻译功能直接生成译文。语句识别和词组联想功能缩短了输入时间，通过使用标准术语，让工程文件更加容易理解。

4．高效的标准化工具

EPLAN 允许用户自定义标准，可按照用户预先制定的出版/文件标准输出电气工程文件，从而保证整体的效率，减少项目规划时间，提高文件和工作质量。

1.4 EPLAN 与传统 CAD 软件的对比

在早期的电气工程设计中，系统原理图的设计和绘制是借助传统 CAD 软件实现的。传统 CAD 软件具有开放、易于掌握、使用方便等特点，广泛应用于各个工程领域。表 1-1 列出了 EPLAN 与传统 CAD 软件的性能对比。

表 1-1　EPLAN 与传统 CAD 软件的性能对比

性能	CAD	EPLAN
标准化设计	标准化程度较低,不同工程师绘制的原理图差别较大	推行标准化理念,根据符号、图框、表格、元器件库、字典,以及各种规则和设置实现标准化文件
符号	手动绘制,不标准,不统一	标准符号库,可直接调用
绘图连线	手动绘制	自动生成
模块化设计	模块仅是一个个图形,无电气属性	EPLAN 利用宏技术制作具有电气参数的宏变量,通过选择某个参数实现整个电路的选型功能
图框	无自动变更功能,需要预留空白页,手动添加页号,不易修改,在增/减原理图时工作量较大	具有自动采集项目信息的功能,可自动生成页号及页面名称等信息,修改方便
制图的电气逻辑	手动绘制电路,无电气逻辑	符号具有丰富的电气属性,电路具有信号跟踪、电位跟踪等功能
电气设备编号	手动编写编号,容易出错或重复	具有设备编号、电缆编号、端子编号、插头编号等的自动编号功能
线号	手动编写线号,极易重复	根据电位等命名方式自动编号,避免重号;通过相关设置在报表中体现线径及颜色等信息
设备选型	通过 Office 软件生成清单	通过元器件库选型,可自动生成元器件清单
接线图	手动绘制接线图,若原理图发生改变,则需要手动修改接线图	可自动生成接线图,若原理图发生改变,则接线图会自动更改
报表信息	通过 Office 软件生成报表信息	可自动生成 27 种不同内容的报表
二维电柜设计	柜体容易因元器件尺寸不精确而导致设计不当	从元器件库拖曳元器件到电柜安装板,尺寸和位置精确,利于电柜的开孔设计
三维电柜设计	无法排除元器件的三维尺寸及位置对电柜设计的干扰	可实现电柜的三维设计,直观、形象
与 ERP 对接	没有与 ERP 对接的接口	有与 ERP 对接的接口

1.5　EPLAN 的安装

1.5.1　硬件要求

- 处理器: Intel Pentium D 及兼容主频 3GHz 以上 CPU; Intel Core 2 Dou 及兼容主频 3GHz 以上的多核 CPU。
- 内存: 2 GB 以上。
- 硬盘: 500 GB 以上。
- 显示器/图形分辨率: 1280×1024。
- 操作系统: 建议采用 Microsoft Windows。
- 传输速率: 服务器的网络传输速率为 1Gbit/s 以上; 客户端的网络传输速率为

100Mbit/s 以上。

1.5.2　软件要求

EPLAN 可支持以下工作站及服务器。

- 工作站：Microsoft Windows 7 SP1（64 位）Professional、Enterprise、Ultimate 版；Microsoft Windows 8（64 位）Pro、Enterprise 版；Microsoft Windows 8.1（64 位）Pro、Enterprise 版。
- 服务器：Microsoft Windows Server 2008 RC2（64 位）；Microsoft Windows Server 2008 R2（64 位）；Microsoft Windows Server 2012（64 位）。
- SQL 服务器：Microsoft SQL Server 2008 R2；Microsoft SQL Server 2012。

需要注意的是，由于 EPLAN 使用的是 Access 和 SQL 数据库，因此在安装 64 位软件时，要求安装 64 位 Office 软件，如 Microsoft Office 2010（64 位）或 Microsoft Office 2013（64 位），同时要求安装 Microsoft .NET Framework 4.5.2 和 Microsoft Core XML Services（MSXML）6.0，否则安装时会报错。

1.5.3　安装步骤

EPLAN Electric P8 是基于 Windows 的应用程序，安装步骤如下。

❶ 双击如图 1-2 所示的程序安装包 Setup。

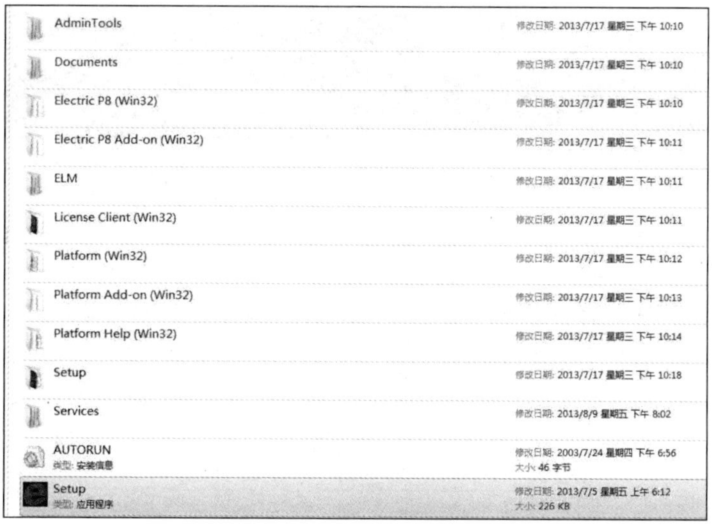

图 1-2　双击程序安装包 Setup

❷ 进入程序安装窗口，软件默认的可用程序为 Electric P8（Win32），安装程序主要取决于安装包的产品类型和安装位数：如果当前安装包的安装位数为 32 位，则软件默认安装 32 位电气产品，如图 1-3 所示。

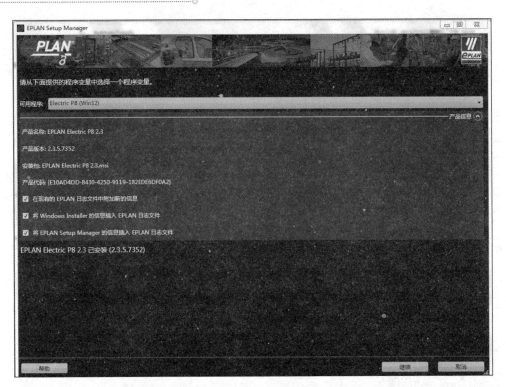

图 1-3　默认的可用程序 Electric P8（Win32）

❸ 单击"继续"按钮，进入同意许可证协议界面。勾选"我接受该许可证协议中的条款"，如图 1-4 所示。

图 1-4　勾选"我接受该许可证协议中的条款"

❹ 单击"继续"按钮，确定待安装的程序文件、主数据和程序设置的目标目录，如图 1-5
所示。

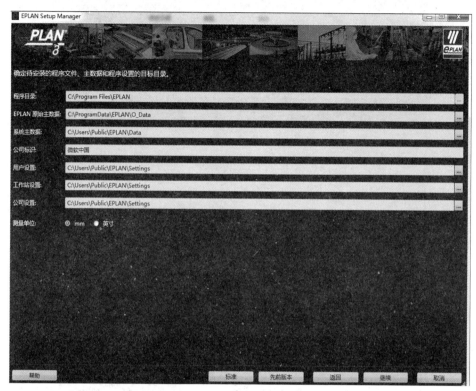

图 1-5　确定待安装的程序文件、主数据和程序设置的目标目录

- 程序目录：EPLAN 主程序的安装目录。
- EPLAN 原始主数据：原始符号库、图框、表格、字典和部件中的数据。
- 系统主数据：用户所需的主数据，主要包括用户项目中所需的符号、图框、表格、
  字典及部件等主数据，区别于 EPLAN 原始主数据。
- 公司标识：用户自定义的公司标识和缩写。
- 用户设置和工作站设置：用户自定义设置的存储目录。
- 测量单位："mm"和"英寸"。在设置测量单位为"mm"时（系统默认的测量单位），
  软件会自动安装国际电工委员会（IEC）标准库及文件；在设置测量单位为"英寸"
  时，软件会自动安装 JIC 标准库及文件。
- 帮助：软件的帮助文档可通过在线和本地两种方式打开，系统默认选择在线方式打
  开帮助文档。

❺ 单击"继续"按钮，进入用户自定义安装界面，如图 1-6 所示。单击"用户自定义安
装"下拉按钮，展开待安装的程序功能、主数据和语言选项。在"主数据类型"窗口内，勾
选需要安装的主数据，例如，"表格""宏""配置""符号""模板"等。在"界面语言"窗口，
勾选需要安装的语言类型。在"测量单位"下拉列表选择"mm"，在"激活"下拉列表选择
"中文（中国）"。单击"安装"按钮，即可开始 EPLAN 软件安装。软件安装完成后，单击"完
成"按钮，如图 1-7 所示。

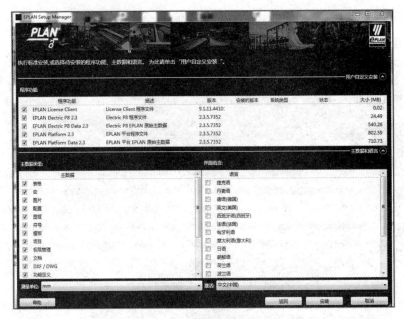

图 1-6　用户自定义安装界面

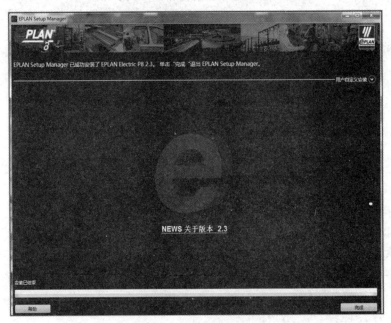

图 1-7　软件安装完成

1.6　EPLAN 的存储位置

1.6.1　EPLAN 的默认存储位置

在安装软件的过程中，如果用户没有修改安装目录下的数据默认存储位置，则软件会自动按照默认存储位置存储数据。默认的存储位置如下。

- 程序目录：\\EPLAN\Electric\ P8。
- 主数据目录：\\ EPLAN\ Electric P8\Data。
- 用户设置：\\ EPLAN\ Electric P8\Settings。
- 工作站设置：\\ EPLAN\ Electric P8\Settings。
- 公司设置：\\ EPLAN\ Electric P8\Settings。

在主数据目录下的 Data 文件夹中，存储着用户的各类数据，如图 1-8 所示。

机械模型	2020/4/17 星期...	文件夹
DXF_DWG	2020/4/17 星期...	文件夹
翻译	2020/4/17 星期...	文件夹
XML	2020/4/17 星期...	文件夹
部件	2020/4/17 星期...	文件夹
功能定义	2020/4/17 星期...	文件夹
管理	2020/4/17 星期...	文件夹
脚本	2020/4/17 星期...	文件夹
文档	2020/4/17 星期...	文件夹
模板	2020/4/17 星期...	文件夹
符号	2020/4/17 星期...	文件夹
项目	2020/4/17 星期...	文件夹
宏	2020/4/17 星期...	文件夹
图框	2020/4/17 星期...	文件夹
图片	2020/4/17 星期...	文件夹
配置	2020/4/17 星期...	文件夹

图 1-8　Data 文件夹

- 机械模型：含有相关的机械数据。
- DXF_DWG：含有 DXF 或 DWG 格式的文件。
- 翻译：含有 Microsoft Access 格式的翻译字典数据库，格式为*.mdb。
- XML：含有 XML 格式的文件。
- 部件：含有 Microsoft Access 格式的翻译字典数据库和相关导入\导出的控制文件，部件数据库格式为*.mdb。
- 功能定义：含有各种用于功能定义的文件。
- 管理：含有权限管理的文件。
- 脚本：含有相关格式的脚本文件，格式为*.cs 和*.vb。
- 文档：含有 PDF 格式的文档（产品选型手册）和 Excel 表格文件。
- 模板：含有项目模板、基本项目模板和导出数据的项目交换文件。
- 符号：含有各种标准的符号库，属于系统主数据。
- 项目：为默认存储项目的文件夹。
- 宏：含有各种类型的宏、窗口宏、符号宏。
- 图框：含有符合各种标准的图框，属于系统主数据。
- 图片：含有所有图片文件。
- 配置：含有项目、用户、公司、工作站的配置文件。

1.6.2　EPLAN 的存储位置修改

在软件安装过程中，如果用户没有设置主数据的存储位置，则在安装完成后，可通过“选项”→“设置”→“用户”→“管理”→“目录”命令，打开“设置：目录*”对话框，修改主数据的存储位置，如图 1-9 所示。

图 1-9 "设置：目录*"对话框

1.7 EPLAN 的主数据

　　EPLAN Electric P8 是基于数据库的设计软件。项目中的符号库、符号、图框、轮廓线、表格等都存储在主数据中。其中，符号、图框、表格是电气设计绘图的三要素，也是 EPLAN 主数据的核心要素。在新建项目时，系统会自动更新系统主数据，实现与项目数据的同步更新。在项目数据和系统主数据不同步时，可手动更新项目数据，使系统主数据与项目数据保持同步更新。通过 EPLAN Electric P8 软件的"工具"菜单，可查看 EPLAN 主数据，如图 1-10 所示。

图 1-10 EPLAN 主数据

- 符号：作为电气设备的一种图形表示，符号是电气设计人员在原理图设计时的交流语言，用来传递系统设计的逻辑控制。为了统一符号，各国的标准委员会分别制定了电气标准。EPLAN 符号库包含 4 种标准，分别是 GB（中华人民共和国标准）、IEC（国际电工标准）、NFPA（美国消防协会标准）和 GOST（俄罗斯国家标准）。这 4 种标准对应的多线图符号库分别为 GB_symbol、IEC_symbol、NFPA_symbol 和 GOST_symbol；单线图符号库分别为 GB_single_symbol、IEC_single_symbol、NFPA_single_symbol 和 GOST_single_symbol。针对不同国家及设计标准，符号图形的表达也不尽相同：IEC 标准是目前电气行业的一种常用标准；由于中国是 IEC 成员之一，因此 GB 标准与 IEC 标准的符号基本一致；GOST 标准与 IEC 标准类似；NFPA 标准与 IEC 标准的符号差异较大。随着标准化的不断推进，各种电气标准将逐步实现统一。

- 图框：电气原理图是在图纸的一定区域内绘制完成的，图框大小有 A0、A1、A2、A3、A4 等几种（通常情况下，设计时采用 A3 图框，打印时按 A4 打印，出图效果最佳）。作为电气设计的绘图区域，主要包括边框线、标题栏、行标签栏、列标签栏：边框线用来限定区域；标题栏用于确定项目名称、图纸功能、图号、设计和审图人员等信息；为了快速定位图纸中的设备位置，方便阅读复杂图纸，图框按行、列分区，行、列宽度垂直等分，行标签栏通常采用英文大写字母编号，列标签栏通常采用阿拉伯数字编号。EPLAN 内置几种符合国际标准的实例图框，可通过图框文件名来区分不同标准，如 f15a1.fn1、f15a2.fn1，如图 1-11 所示。

图 1-11　实例图框

- 表格：项目设计完成后，通常要统计图纸目录、物料清单、电线图表、端子接线表以及电缆图表。这些统计报表在软件中被称为表格。在传统的 CAD 软件制图中，图纸目录和物料统计都由人工完成，并根据原理图接线手动调整端子数量，很难达到准确统计及接线规范的要求。在使用 EPLAN Electric P8 后，这些原本需要人工完成的工作，均可通过软件自动生成。EPLAN 内置了符合国际标准的 36 种表格模板。用户可根据项目需要，通过 "选择表格" 对话框选择相应模板，生成项目报表，如图 1-12 所示。用户还可以自定义表格内容，制定个性化表格模板。

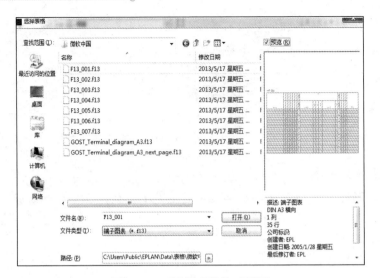

图 1-12   "选择表格"对话框

1.7.1 项目数据

项目数据主要包括项目主体文件、项目链接文件和项目主数据文件。当要另存或归档某个项目时，需要把项目数据的三部分文件都备份或打包，而不能只备份或打包部分文件。

选择菜单栏中的"EPLAN"→"Data"→"项目"命令打开项目，可以看到里面保存着不同类型的文件，其中，后缀为".edb"的文件夹是项目主体文件，如图 1-13 所示。

📁 新项目1.edb	修改日期: 2020/4/19 星期日 上午 9:14
📁 新项目.edb	修改日期: 2020/4/19 星期日 上午 9:14
📁 HG1453.edb	修改日期: 2020/4/19 星期日 上午 9:13
📁 HG1452.edb	修改日期: 2020/4/19 星期日 上午 9:13
📁 HG1451.edb	修改日期: 2020/4/19 星期日 上午 9:13
这个月的早些时候 (3)	
HG1453 类型: EPLAN project	修改日期: 2020/4/2 星期四 上午 10:22 大小: 32 字节
HG1452 类型: EPLAN project	修改日期: 2020/4/2 星期四 上午 10:18 大小: 32 字节
HG1451 类型: EPLAN project	修改日期: 2020/4/1 星期三 下午 6:29 大小: 32 字节
今年的早些时候 (2)	
新项目1 类型: EPLAN project	修改日期: 2020/3/23 星期一 上午 10:29 大小: 26 字节
新项目 类型: EPLAN project	修改日期: 2020/3/16 星期一 下午 3:48 大小: 26 字节

图 1-13   后缀为".edb"的文件夹

当选择一个项目模板新建项目时，软件会根据模板要求，将指定的符号库、图框及表格数据从系统主数据复制到项目数据。新建项目后，项目数据与系统主数据分离，在项目设计的过程中，修改和使用的数据是项目数据。但在定制符号等其他主数据时，修改的是主数据，因此需要同步项目数据和主数据。

当导入外来项目时，如果含有与系统主数据不一致的符号、图框和表格，则可通过项目数据同步系统主数据的功能，将项目所使用的符号、图框、表格等数据更新到软件系统中，从而丰富系统主数据的内容。按照企业元器件库的标准化管理规定，一般情况下，未经授权的外来数据不允许更新，因此需谨慎应用同步功能。

图 1-14 说明了项目数据与系统主数据之间的关系。事实上，系统主数据的容量远大于项目数据。

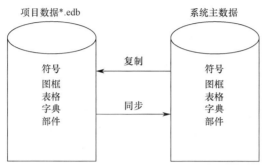

图 1-14　项目数据与系统主数据之间的关系

1.7.2　同步主数据

选择菜单栏中的"工具"→"主数据"→"同步当前项目"命令，打开"主数据同步-新项目"对话框，可查看项目主数据与系统主数据（项目主数据与系统主数据如同两个数据池），如图 1-15 所示。

"筛选器"下拉列表包括 4 个选项：若选中"未激活"选项，则表示显示项目主数据与系统主数据的全部内容；若选中"显示不同"选项，则表示只显示项目主数据与系统主数据的不同之处；若选中"项目主数据（旧版）"选项，则表示只显示旧的项目主数据；若选中"系统主数据（旧版）"选项，则表示只显示旧的系统主数据。

图 1-15　"主数据同步-新项目"对话框

在同步单个主数据时，若单击"项目主数据"下需要传输的数据，即可将单个项目主数据复制到系统主数据；若单击"系统主数据"下需要传输的数据，即可将单个系统主数据复制到项目主数据。

在同步所有数据时，可通过在"更新"下拉列表中选择"项目"或"系统"选项，将项目旧数据替换为系统主数据，或将系统旧数据替换为项目主数据，如图 1-16 所示。

图 1-16　在"更新"下拉列表中选择"项目"或"系统"选项

1.8　思考题

1．什么是电气 CAE 软件？

2．EPLAN 软件具有哪些特点？

3．安装 EPLAN Electric P8 2.3 时，计算机需要具有哪些硬件和软件条件？

4．EPLAN 主数据的核心要素是什么？

5．EPLAN 的项目数据和系统主数据之间是什么关系？

第 2 章

EPLAN 基础操作

本章主要讲述 EPLAN 的启动与退出操作、用户界面的相关知识，并介绍模板和栅格的使用方法、图形的相关内容，使读者对 EPLAN 有基本了解。

2.1 运行

2.1.1 启动 EPLAN

在安装 EPLAN 后，必须拥有软件保护（加密狗）和有效的许可证才能使用 EPLAN，或者安装 EPLAN Electric P8 Trial（试用版本），可免费使用 30 天，但在打印图纸时图纸中有水印。

启动 EPLAN 的方式有两种：从 Windows 的"开始"菜单启动（见图 2-1）；双击桌面上的 EPLAN 图标，在打开的过程中会弹出如图 2-2 所示的"选择菜单范围"对话框，选中"专家"单选按钮，如果选择其他用户，则有些功能将不能使用。

图 2-1　从 Windows 的"开始"菜单启动　　　图 2-2　"选择菜单范围"对话框

2.1.2 退出 EPLAN

退出 EPLAN 的方式有三种：通过选择菜单栏中的"项目"→"退出"命令关闭 EPLAN（见图 2-3）；直接单击界面右上角的"×"按钮关闭 EPLAN；通过快捷键"Alt+F4"关闭 EPLAN。

注意：用户可随时退出，EPLAN 会自动保存所有数据、设置、相关界面，并在下一次启动时作为预开启界面再次打开。

图 2-3 退出 EPLAN

2.2 用户界面

2.2.1 默认的 EPLAN 界面

启动 EPLAN 后，默认打开的 EPLAN 主界面如图 2-4 所示。该界面是程序的工作区域，尺寸和位置均可更改。软件主界面主要包含标题栏、菜单栏、工具栏、页导航器、图形预览、绘图区等。

① 标题栏：如果已打开某个项目，则标题栏会显示当前项目名称及已打开页的名称。

② 菜单栏：菜单栏位于标题栏下方，包括重要的命令和对话框的调用。

③ 工具栏：工具栏位于菜单栏下方，由几十个按钮组成。这些按钮可直接调用 EPLAN 的重要功能，也可根据习惯选择显示常用的工具按钮。

④ 页导航器：用于显示所有已打开项目的页，有两种显示类型：树结构视图和列表视图。在树结构视图中，根据页类型和标识（如"工厂代号""安装位置"等），以等级的排列方式显示页；在列表视图中，以表格的形式显示页，单击相应的页可在不同的页之间切换。在页导航器中，可编辑同一个项目的页，如复制页、删除页或更改页，但不能同时编辑不同项目的多个页。

⑤ 图形预览：显示缩小的视图，可借助此区域快速查找项目的各个页。

⑥ 绘图区：绘制图纸的区域。

图 2-4　默认的 EPLAN 主界面

2.2.2　自定义工作区域

在 EPLAN 的操作过程中，可激活/关闭/编辑预定义的工具栏、更改按钮的显示形式、创建个人工具栏并设置想要的命令、编辑/删除用户自定义的工具栏。

右键单击"工具栏"，在弹出的快捷菜单中选择"调整"命令，如图 2-5 所示，打开"调整"对话框。

- 在"工具栏"选项卡中（见图 2-6），需要显示哪个工具栏，勾选对应的复选框即可。单击"新建"按钮，打开"新配置"对话框，可自定义工具栏，如图 2-7 所示。自定义工具栏后，在保存过程中将打开"工作区域"对话框，单击"保存"按钮，弹出"覆盖"提示框，如图 2-8 所示，单击"确定"按钮将覆盖之前的配置。
- 在"命令"选项卡中（见图 2-9），可查看不同类别的工具。将按钮拖向工具栏，可编辑预定义的工具栏或用户自定义的工具栏。

注意：如果误将某些常用窗口或工具栏关闭了，则恢复原始视图即可：选择菜单栏中的"视图"→"工作区域"→"默认"→"确定"命令，即可恢复原始视图。

图 2-5　快捷菜单

图 2-6 "工具栏"选项卡   图 2-7 "新配置"对话框

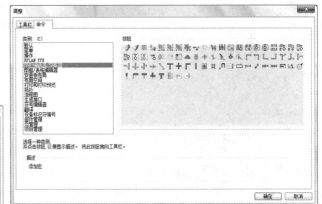

图 2-8 "工作区域"对话框   图 2-9 "命令"选项卡

2.3 模板

　　为了规范企业图纸的标准化设计，在保证设计者能够快速完成项目设计的同时，项目图纸也能符合相应的设计规范及标准，这就需要企业或公司具有统一的模板，并在模板中设置基于某种标准的规范和预定义数据、指定主数据内容，以及各种预定义配置、层管理信息及报表等，即模板是在某种标准和规则下，设置预定义信息和定制个性化内容的空项目。

2.3.1 模板的格式

　　EPLAN 有 3 种格式的模板：后缀名为".ept"的项目模板、后缀名为".ept"的基本项目模板、后缀名为".zw9"的基本项目模板。由于".ept"的项目模板只能在 1.9 之前的版本中使用，因此，EPLAN Electric P8 软件只自带扩展名为".ept"和".zw9"的基本项目模板。

1. 后缀名为".ept"的基本项目模板

　　在软件安装目录下的"模板"文件夹中，EPLAN 自带 5 种后缀名为".ept"的基本项目模板，如图 2-10 所示。

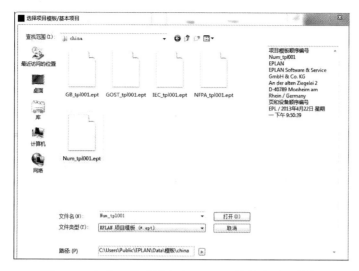

图 2-10　自带 5 种后缀名为 ".ept" 的基本项目模板

- GB_tp1001.ept：内置 GB 标准标识结构的基本项目模板，自带 GB 标准符号库、图框及表格数据库。
- GOST_tp1001.ept：内置 GOST 标准标识结构的基本项目模板，自带 GOST 标准符号库、图框及表格数据库。
- IEC_tp1001.ept：内置 IEC 标准标识结构的基本项目模板，自带 IEC 标准符号库、图框及表格数据库。
- NFPA_tp001.ept：内置 JIC 标准标识结构的基本项目模板，自带 JIC 标准符号库、图框及表格数据库。
- Num_tp1001.ept：内置带顺序编号的标识结构的基本项目模板，自带 IEC 标准符号库、图框及表格数据库。

2. 后缀名为 ".zw9" 的基本项目模板

在相同路径下，EPLAN 自带 5 种后缀名为 ".zw9" 的基本项目模板，如图 2-11 所示。

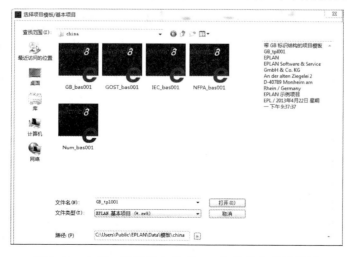

图 2-11　自带 5 种后缀名为 ".zw9" 的基本项目模板

基本项目模板不仅包含各类标准的基本内容，还包含用户自定义的相关数据及项目页结构。使用基本项目模板创建项目后，项目页结构就被固定下来，不能被修改。使用基本项目模板设计项目时，设计者不用担心主数据或图纸是否符合规范，软件会自动按照模板设定的标准对原理图进行规范。在模板定义完成后可一键生成项目报表，大幅提高设计效率。

2.3.2 模板的信息

在基本项目模板中，主要包括项目属性预定义内容、页属性预定义信息，以及字体、图框、关联参考的显示格式等信息。

1. 项目属性预定义内容

项目属性预定义内容主要包括添加/自定义项目属性、设置标识符结构。

- 添加/自定义项目属性：不仅可添加需要显示的属性名称，如果项目属性中没有用户使用的属性名称，还可使用"用户增补说明"代替，即自定义项目属性。项目属性中的产品名称、审核人等信息可作为"特殊文本"添加到图框标题栏中。原理图中的图框标题栏可自动显示项目属性中的变量内容。
- 设置标识符结构：在项目属性的"结构"选项卡中定义了模板中不同设备组的标识符结构。项目中的常规设备，如端子排、插头、PLC 及中断点等标识符结构，可通过设备组后面的按键进入"设备结构"界面，通过配置中的下拉菜单定义标识符结构，也可自定义新的标识符结构（下拉菜单中包括功能分配、高层代码、安装地点、位置代号、高层代号数、用户自定义结构等选项）。

2. 页属性预定义信息

基本项目模板中的页属性预定义信息与项目属性预定义内容类似，不仅可添加需要显示的属性名称，若列表中没有需要显示的属性名称，还可通过"用户增补说明"代替。

3. 字体、图框、关联参考的显示格式

基本项目模板中的字体、图框、关联参考的显示格式等内容，可通过选择菜单"选项"→"设置"，打开"设置"界面进行修改。"设置"界面包括 4 部分（项目、用户、工作站、公司）。其中，项目部分主要针对当前项目中的字体、图框、关联参考的显示格式进行设置。

2.4 栅格

2.4.1 栅格的种类

EPLAN 有 5 种栅格类型，分别是栅格 A、栅格 B、栅格 C、栅格 D、栅格 E，如图 2-12 所示。在电气原理图中，EPLAN 默认的栅格类型为栅格 C。选择菜单栏中的"视图"→"栅格"，或单击工具栏中的栅格图标，可打开或关闭栅格。在打开或关闭栅格时，状态栏

会显示当前栅格状态，如图 2-13 所示。

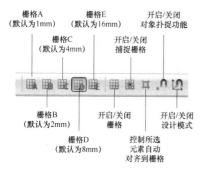

图 2-12　栅格的种类

图 2-13　显示栅格状态

选择菜单栏中的"选项"→"设置"→"用户"→"图形的编辑"→"2D"，可设置电气原理图中的默认栅格尺寸，如图 2-14 所示。

图 2-14　"设置：2D"对话框

2.4.2　栅格的使用

在 EPLAN 中，必须使用栅格的情况主要有两种：一是绘制原理图；二是新建符号。在电气原理图的设计过程中，EPLAN 具有自动连线功能。通常情况下，借助"捕捉到栅格"功能将栅格点与符号的连接点对齐，符号之间可快速完成电气连线，如图 2-15 所示。在移动或插入宏电路时，整个宏电路都是在等间距的栅格点上移动或插入的，以方便节点指示器快速捕捉电线。

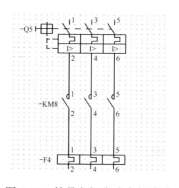

图 2-15　符号之间完成电气连线

2.4.3　栅格的对齐

在使用栅格的过程中，一定要通过菜单栏中的"选项"→"捕捉到栅格"，或在工具栏中单击"捕捉到栅格"按钮，打开"捕捉到栅格"功能，如图 2-16 所示。如果未打开该功能，那么即使图纸显示栅格，符号的连接点也无法与栅格点对齐，放置在图纸上的符号无法自动连线。即便之后打开"捕捉到栅格"功能，符号的连接点也未与栅格点对齐，如图 2-17 所示。

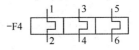

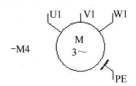

图 2-16　选择"选项"→"捕捉到栅格"　　　图 2-17　符号的连接点未与栅格点对齐

这时就需要应用"对齐到栅格"功能：选择菜单栏中的"编辑"→"其他"→"对齐到栅格"→"对齐（垂直）"，将已放置的符号连接点重新捕捉到栅格点，如图 2-18 所示。注意：在使用该功能之前，一定要打开"捕捉到栅格"功能。

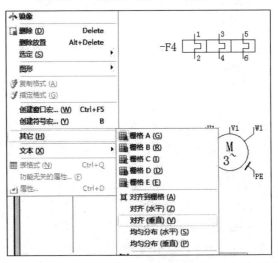

图 2-18　对齐到栅格功能

在设置原理图的栅格间距时，与符号编辑器中符号连接点的间距要保持一致，或者为间距的整数倍，如图 2-19 所示。如果原理图中的栅格间距设置得过大，则会导致符号的某个连接点无法与栅格点对齐，即便使用"对齐到栅格"功能，也不能进行自动连线；如果栅格间距设置得过小，则会导致符号的连接点不能快速、准确地对齐和连线，影响设计效率，如图 2-20 所示。

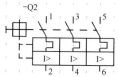
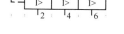

图 2-19　设置栅格间距

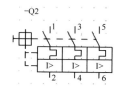
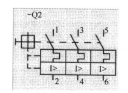

图 2-20　栅格间距设置得过大或过小

另外，很多工程师在设计过程中，经常复制图纸的部分电路到不同项目的图纸中。在很多情况下，复制的电路不能自动连接（因为两张图纸中的连接点无法与栅格点对齐）。当遇到这类问题时，采用的办法是在复制前，在复制图纸和目标图纸中均执行如下操作：首先，选中图纸中的所有元素；然后，选择菜单栏中的"编辑"→"其他"→"对齐到栅格"命令。操作完成后，复制的电路在目标图纸中可自动连接。

2.5　图形

EPLAN 工具栏中的图形工具具有类似于 CAD 的图形编辑功能，用于对项目主数据中的符号图形进行绘制、修改，以及绘制图框标题栏、编辑表格图形等。利用图形工具不仅可以绘制直线、折线、弧线、圆、曲线等图形，还可以插入文本、图框、超链接及标注尺寸等，如图 2-21 所示。

2.5.1　绘制图形

选择菜单栏中"插入"→"图形"下的相应命令，或者单击图形工具中的相应图标，可绘制不同类型的图形，如图 2-22 所示。

图 2-21　图形工具

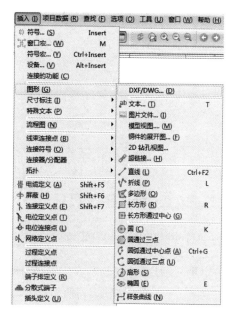

图 2-22　调出图形工具

对常用图形工具的说明如下。

- 直线：绘制直线。
- 折线：绘制多条折线。
- 多边形：绘制各种不规则多边形。
- 长方形：绘制长方形。
- 长方形通过中心：通过确定中心点绘制长方形。
- 圆：通过圆心与半径画圆。
- 圆通过三点：通过圆弧上的三点画圆。
- 圆弧通过中心点：通过圆心、半径及圆弧上的两点选择部分圆弧。
- 圆弧通过三点：通过三点绘制圆弧。
- 扇形：通过圆心、半径及圆弧上的两点绘制扇形。
- 椭圆：绘制椭圆。
- 样条曲线：绘制曲线。
- 文本：插入文字注释。
- 图片文件：插入外部图片。
- 超链接：插入外部链接，如网址等。

在图形绘制完成后，如果需要修改尺寸参数，则可双击图形，打开"属性"对话框，如图 2-23 所示。按照提示修改尺寸参数后，单击"确定"按钮。

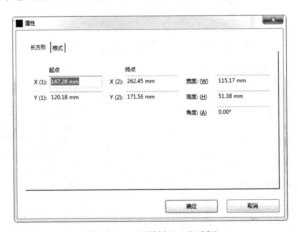

图 2-23 "属性"对话框

2.5.2 标注图形尺寸

对绘制的图形可进行如下几种尺寸标注：

- 线性尺寸标注：沿 X/Y 轴标注线性坐标。
- 对齐尺寸标注：标注两点之间的直线距离。
- 连续尺寸标注：沿着 X 轴或 Y 轴的一个方向连续标注尺寸，按 Esc 键可结束标注。
- 增量尺寸标注：以前一个点为增量连续标注尺寸，按 Esc 键可结束标注。

- 基线尺寸标注：所有尺寸都以一个点为基准进行线性连续标注。
- 角度尺寸标注：对角度进行标注。
- 半径尺寸标注：对圆弧的半径进行标注。

在标注尺寸时，默认按照实际尺寸标注。如果绘制的图形尺寸与实际尺寸不符，则需要手动修改标注：双击尺寸标注，打开"属性"对话框，如图 2-24 所示；取消勾选"自动"复选框，手动输入尺寸即可。

图 2-24　"属性"对话框

2.5.3　编辑图形

在绘图过程中可编辑已绘制的图形，使其按照需要进行变换：选中需要编辑的图形，通过"编辑"菜单可选择编辑工具，如图 2-25 所示。

- 多重复制：若复制选中的图形或元件，则会自动弹出"多重复制"对话框，用于设置数量。若选中的是元件，则会弹出"插入模式"对话框，用于询问是否修改编号。
- 移动：将选中的图形或元件移到另一个位置。
- 旋转：将选中的图形或元件沿着指定的中心点旋转一定的角度。
- 镜像：将选中的图形或元件沿着指定中心轴移到对应位置。

若选择菜单栏中的"编辑"→"图形"，则显示只针对图形的编辑工具，如图 2-26 所示。

- 比例缩放：将选中的图形进行等比例缩放，并自动弹出"比例缩放"对话框，用于设置比例缩放因数。
- 拉伸：对选择的图形进行拉伸。

- 修剪：对图形多余的部分进行修剪。被修剪的图形自动变成灰色，单击鼠标左键即可完成修剪。
- 修改长度：修改直线的长度。在选择该工具后，单击直线并移动鼠标即可改变长度。
- 圆角：对图形的角执行圆角操作。
- 倒角：对图形的角执行倒角操作。

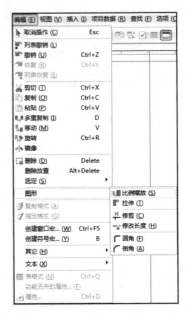

图 2-25 "编辑"菜单   图 2-26 针对图形的编辑工具

插入文本、图片文件、超链接，可丰富电气原理图的设计，使其更加具体。

- 文本包括普通文本和路径功能文本：普通文本只是文字显示，没有其他属性；路径功能文本不仅具有普通文本的文字显示功能，还会将文本内容写入同一路径的设备功能，在设备属性或报表中可显示路径功能文本。
- 在电气原理图的符号旁可插入设备的图片文件，使符号与实物一一对应，以便图纸选型和设备信息核对，如图 2-27 所示。

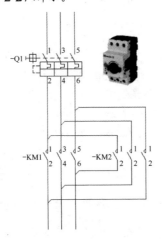

图 2-27 插入设备的图片文件

● 在设计过程中需要经常查阅相关设备的技术文档，为了查阅方便，可将技术文档添加为超链接。添加后只需按"Ctrl+超链接文本"，即可打开相关设备的技术文档。

2.6 思考题

1. EPLAN 有几种文件格式的模板？
2. EPLAN 自带了几种基本项目模板？
3. EPLAN 有几种栅格类型？默认采用哪种类型的栅格？
4. 使用栅格时应注意哪些事项？
5. 在 EPLAN 工作界面中怎样显示需要的工具栏？

2T 葫芦吊车控制系统设计

本章将对 2T 葫芦吊车的控制系统设计进行讲解，主要包括创建项目、绘制原理图，以及应用图形编辑器、符号、元件、参考关联、端子及端子排、电缆等。读者可通过此案例，掌握 EPLAN 的设计技巧和思路，以便在今后的设计中借鉴。

3.1 项目概述

2T 葫芦吊车一般安装在厂房内，用于提升重物，是提高劳动效率、降低劳动强度的必要设备。本项目的设计要求如下。

- 2T 葫芦吊车可以左右、上下运行，配有两台电机，均由交流接触器、操作手柄控制，手柄上有总电源、左、右、上、下共 5 个开关。只有总电源的开关闭合，2T 葫芦吊车才能投入工作。
- 2T 葫芦吊车的每台电机均配有过负荷保护功能。若电机在运行过程中出现过载现象，则会立即切断相应主电路，保障电机安全。

2T 葫芦吊车的实物图如图 3-1 所示。

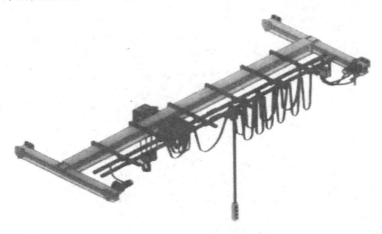

图 3-1　2T 葫芦吊车的实物图

3.2　创建项目

❶　选择菜单栏中的"项目"→"新建"命令，如图 3-2 所示，弹出"创建项目"对话框，如图 3-3 所示。

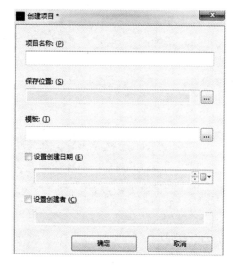

图 3-2　新建项目操作　　　　　　　　图 3-3　"创建项目"对话框

❷　在"项目名称（P）"文本框中输入"2T 葫芦吊车控制系统"。

❸　单击"保存位置"文本框右侧的 … 按钮，将项目保存在"E:\书中案例"文件夹内。注意：不要将项目保存在系统盘（如 C 盘）目录下，以防在计算机或系统出现故障时无法恢复项目文件。

❹　单击"模板"文本框右侧的 … 按钮，弹出"选择项目模板/基本项目"对话框。选择"IEC-tp1001.ept"选项，如图 3-4 所示。单击"打开"按钮，返回"创建项目"对话框。

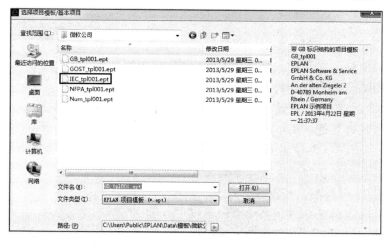

图 3-4　"选择项目模板/基本项目"对话框

❺　勾选"设置创建日期"复选框，创建日期可通过后面的 按钮设置。

❻ 勾选"设置创建者"复选框，创建者名称可直接输入，如图 3-5 所示。单击"确定"按钮，软件将自动导入项目模板，如图 3-6 所示。

图 3-5　设置创建日期及创建者

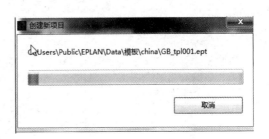

图 3-6　导入项目模板

3.3　绘制原理图

一个工程项目图纸是由很多图纸页组成的。典型的电气工程项目图纸包含封页、目录表、电气原理图、安装板、端子图表、设备连接图、电缆图表、材料清单等图纸页。

3.3.1　页类型

EPLAN 包括各种类型的图纸页（可简称页）。由于各种类型的图纸页的含义和用途不同，因此为了方便区分，在每类图纸页前都添加不同图标。

- 按生产方式区分，EPLAN 中的图纸页可分为手动图纸（交互式）和自动图纸：交互式图纸是指手动绘制的图纸，设计者根据工程经验和理论设计图纸；自动图纸是通过评估逻辑图纸自动绘制的图纸，如端子图表、电缆图表、目录表等。通过"页类型"下拉列表可以看到交互式图纸有 11 种类型，如图 3-7 所示。
- 按是否包含逻辑区分，EPLAN 中的图纸页可分为逻辑图纸和自由绘图图纸：电气工程中的逻辑图纸主要包括单线原理图和多线原理图，自控仪表中的逻辑图

图 3-7　"页类型"下拉列表

纸主要包括管道和仪表流程图，流体工程中的逻辑图纸主要包括流体原理图；自由绘图图纸为非逻辑图纸，因为图纸仅含图形信息，不含任何逻辑信息。

3.3.2　新建页

选择菜单栏中的"页"→"新建"命令，或者选中"2T 葫芦吊车控制系统"项目后，单击鼠标右键，在弹出的快捷菜单中选择"新建"命令，出现"页属性"对话框，如图 3-8 所示。在"页属性"对话框中的"图框名称"下拉列表中选择"查找"，如图 3-9 所示，弹出"选择图框"对话框。可选择 china 文件夹下的不同类型图框，如图 3-10 所示。

图 3-8　"页属性"对话框　　　　　图 3-9　"图框名称"下拉列表

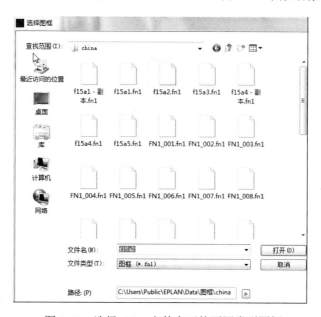

图 3-10　选择 china 文件夹下的不同类型图框

下面通过新建首页（封面）和普通页讲解图纸页的创建方法。

1. 新建首页（封面）

❶ 单击 "完整页名（F）" 文本框右侧的 按钮，弹出 "完整页名" 对话框，可选择页的高层代号和位置代号，如图 3-11 所示。其中，"="表示高层代号；"+"表示位置代号。在 "高层代号" 文本框中输入 A；在 "位置代号" 文本框中输入 B。

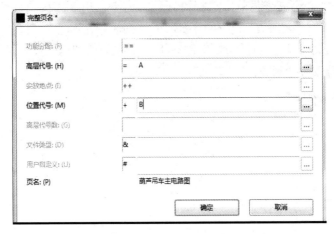

图 3-11　"完整页名"对话框

❷ 选择页的高层代号和位置代号后，就能在项目树中看到预定义的项目结构，同时也可表明新建页在项目中的功能和位置，在设备查找和后期项目维护时，可快速定位相关图纸。

2. 新建普通页

❶ 新建两个普通页：葫芦吊车主电路图、葫芦吊车控制电路图。将两个普通页的页类型设为 "多线原理图（交互式）"。葫芦吊车主电路图的 "页属性" 对话框如图 3-12 所示。

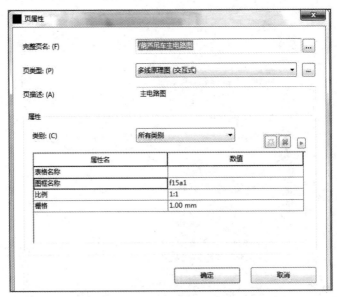

图 3-12　葫芦吊车主电路图的"页属性"对话框

❷ 单击"完整页名（F）"文本框右侧的 按钮，弹出"完整页名"对话框。在"高层代号"文本框中输入 A；在"位置代号"文本框中输入 C，如图 3-13 所示。葫芦吊车控制电路图的设置方法与此相同。

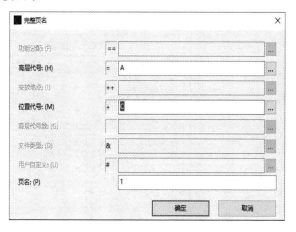

图 3-13　"完整页名"对话框

注意： 在新建首页和普通页后，可得到 2T 葫芦吊车控制系统的页结构，如图 3-14 所示。

图 3-14　2T 葫芦吊车控制系统的页结构

3.3.3　显示所有图纸

❶ 选择菜单栏中的"页"→"导航器"命令，如图 3-15 所示，即可显示页的导航器。

图 3-15　选择"页"→"导航器"

❷ 导航器通过树结构和列表形式显示项目中的所有图纸，如图 3-16 所示。

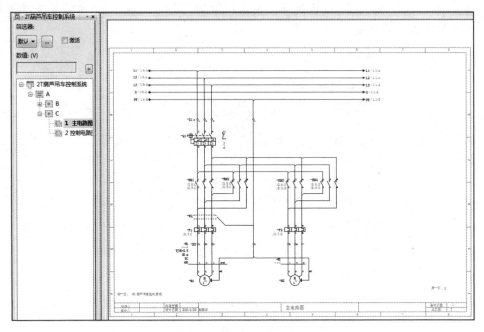

图 3-16　导航器

3.3.4　导入和导出

1．导入文件

EPLAN 提供了导入 DXF/DWG 和 PDF 注释两种格式的文件。例如，选择"页"→"导入"→"DXF/DWG"，即可在图纸页中导入 DXF/DWG 文件，如图 3-17 所示。

注意：通过 AutoCAD 绘制的 DXF/DWG 文件可导入 EPLAN 软件中查看。即便在没有安装 EPLAN 软件的电脑上，也可查看或打印利用 EPLAN 软件绘制的文件。

2．导出文件

可将图纸页导出为 DXF/DWG、图片文件、PDF 三种格式的文件。例如，选中需要导出的图纸页，选择菜单栏中的"页"→"导出"命令，如图 3-18 所示。

图 3-17　导入

图 3-18　导出

- 若选择"DXF/DWG",则将弹出"DXF-/DWG 导出"对话框,如图 3-19 所示。设置好"输出目录"和"文件名"后,单击"确定"按钮,如图 3-20 所示。
- 若选择"图片文件",则将弹出"导出图片文件"对话框。设置好"目标目录"和"文件名"后,单击"确定"按钮。
- 若选择"PDF",则将弹出"PDF 导出"对话框,如图 3-21 所示。设置好"PDF-文件"和"输出目录"后,单击"确定"按钮。

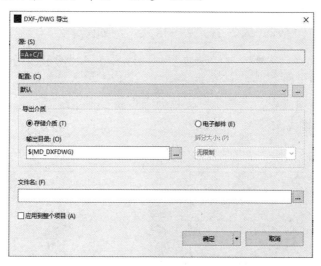

图 3-19　"DXF-/DWG 导出"对话框

图 3-20　"导出图片文件"对话框　　　　　图 3-21　"PDF 导出"对话框

注意：导出的DXF/DWG文件可在AutoCAD中查看和修改，但该文件再次被导入EPALN软件后只能查看，文件变为简单的图形元件，丧失了原本的符号功能，无法再次被修改。

3.4　图形编辑

3.4.1　设置光标显示格式

光标可显示为"十字线"或"小十字"格式。例如：

❶ 选择菜单栏中的"选项"→"设置"→"用户"→"图形的编辑"→"2D"命令，弹出"设置：2D"对话框，如图3-22所示。

❷ 在"光标"选项组中的"显示"下拉列表中将"十字线"改为"小十字"，即可将光标显示为"小十字"格式。

注意：如果用户将光标设置为"小十字"格式，则两条呈45°的短线可提供定位帮助。

图3-22　"设置：2D"对话框

3.4.2　确定增量

增量决定了当前光标跳转到下一光标位置的距离。在使用逻辑坐标时，栅格量的增量取决于该图纸页使用的栅格大小：若设定的栅格为4，那么光标在增量为1时跳跃4，在增量为2时跳跃8。

注意：在栅格中不允许输入小于1的增量。

选择菜单栏中的"选项"→"增量"命令，弹出"选择增量"对话框。可通过该对话框确定增量，如图3-23所示。

图 3-23　"选择增量"对话框

3.4.3　移动坐标参考点

选择菜单栏中的"选项"→"移动基点"命令，可定位移动坐标参考点，并通过"小十字"格式显示，如图 3-24 所示。

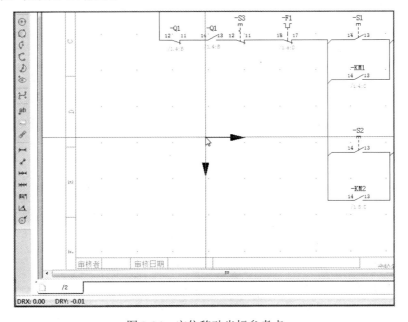

图 3-24　定位移动坐标参考点

如果已激活"线条绘制"命令，则可根据第一个点的定位，输入下一个点的绝对坐标或相对坐标。

- 输入绝对坐标：选择菜单栏中的"选项"→"输入坐标"命令，在弹出的"输入坐标"对话框中直接输入 X 和 Y 的数值，如图 3-25 所示。

图 3-25　"输入坐标"对话框

- 输入相对坐标：选择菜单栏中的"选项"→"输入相对坐标"命令，在弹出的"输入相对坐标"对话框中，输入 X 和 Y 的数值，如图 3-26 所示。

图 3-26 "输入相对坐标"对话框

3.4.4 栅格

为了定位元素，可使用栅格，并将插入点和元素点定位到栅格点。

- 显示栅格：选择菜单栏中的"视图"→"栅格"命令，可打开或关闭栅格显示，分别如图 3-27 和图 3-28 所示。

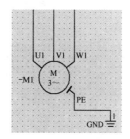
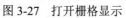
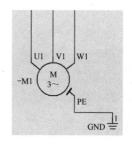

图 3-27 打开栅格显示 　　图 3-28 关闭栅格显示

- 使用"捕捉栅格"功能：选择菜单栏中的"选项"→"捕捉栅格"命令，可打开或关闭"捕捉栅格"功能。
- 显示连接点：选择菜单栏中的"视图"→"插入点"命令，可将所有符号的连接点通过黑点显示，如图 3-29 所示。若重新选择该菜单项，则连接点的黑点显示会被关闭。

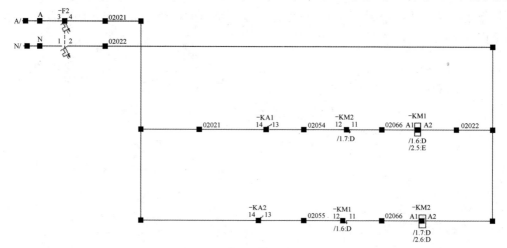

图 3-29 连接点通过黑点显示

3.5　符号

在大多数电气设计中，工程师之所以没有利用实际照片或详细图形表示电气部件的信息，是因为设计的目标应是尽可能利用简洁的图形和信息表达设计意愿，于是符号出现了：工程师在设计图纸时，会使用统一的符号表达自己的设计内容。

3.5.1　符号库类型

在 EPLAN Electric P8 中内置了 4 大标准的符号库，分别是 IEC、GB、NFPA 和 GOST。根据类型区分，符号库又分原理图符号库和单线图符号库。常见的符号库如下。

- IEC_Symbol：符合 IEC 标准的原理图符号库。
- IEC_single_Symbol：符合 IEC 标准的单线图符号库。
- GB_Symbol：符合 GB 标准的原理图符号库。
- GB__single_Symbol：符合 GB 标准的单线图符号库。
- NFPA_Symbol：符合 NFPA 标准的原理图符号库。
- NFPA_single_Symbol：符合 NFPA 标准的单线图符号库。
- GOST_Symbol：符合 GOST 标准的原理图符号库。
- GOST_single_Symbol：符合 GOST 标准的单线图符号库。

注意：一般情况下，使用 GB_Symbol 和 GB_single_Symbol 即可。用户在选择、打开合适的符号库后，可看到不同分类的符号。

3.5.2　插入符号

❶ 选择菜单栏中的"插入"→"符号"命令，弹出"符号选择"对话框，如图 3-30 所示。

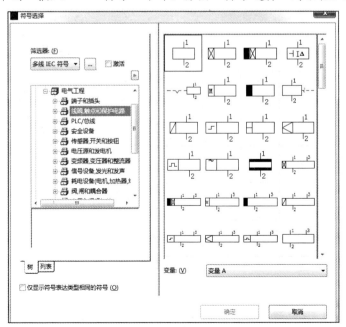

图 3-30　"符号选择"对话框

注意：选择菜单栏中的"插入"→"符号"命令，单击键盘上的 Insert 键，以及在电气原理图中单击鼠标右键，通过弹出的快捷菜单中选择"插入符号"命令，均可弹出"符号选择"对话框。

❷ 浏览符号库，选中想要的符号后，单击"确定"按钮，关闭"符号选择"对话框，选中的符号将会出现在光标上（属于独占式操作）。

❸ 移动光标到需要的位置，单击鼠标即可放置选中的符号。

❹ 单击选中的符号，弹出"属性（元件）：常规设备"对话框：在"显示设备标识符"文本框中输入接触器线圈名称"-KM1"；在"连接点代号"文本框中输入接触器线圈引脚的编号，如图 3-31 所示。

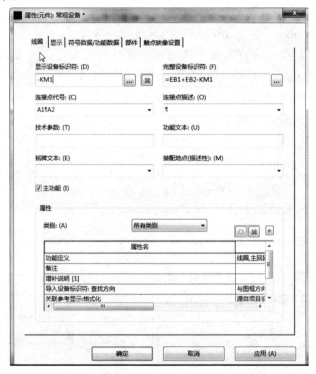

图 3-31　"属性（元件）：常规设备"对话框

注意：由于符号的作用是在图纸层面代表实际部件，因此在电气接线层面，一定要保证图纸中绘制的符号与实际部件一致，特别是部件连接导线的端子和引脚。

除以上方法外，还可通过符号选择导航器插入符号。

❶ 选择菜单栏中的"项目数据"→"符号"命令，打开符号选择导航器，如图 3-32 所示。

❷ 浏览符号库，选中想要的符号后，所选符号将出现在光标上（不需要关闭"符号选择"对话框，属于非独占式操），移动光标到需要的位置，单击鼠标即可放置符号。

注意：通过符号选择导航器插入符号时，并不需要关闭"符号选择"对话框，这种操作属于非独占式操作，并且将两个符号的连接点水平或垂直对齐时，两个符号的连接点之间会自动连线。例如，断路器和熔断器垂直相对时，便会自动连线，如图 3-33 所示。

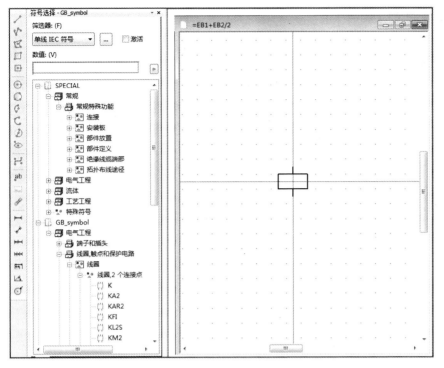

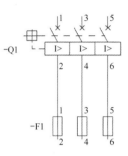

图 3-32 符号导航器 　　　　　图 3-33 自动连线

3.5.3 符号变量

一个符号通常具有 A～H 共 8 个变量和一个触点映像变量。所有符号变量均具有相同的属性，如相同的标识、功能和连接点编号。唯一不同的是，不同的符号变量，其连接点图形具有不同变化。

以"电机保护开关 QL3"为例，它具有 8 个符号变量：以 A 变量为基准，逆时针旋转 90°，形成 B 变量；以 A 变量为基准，逆时针旋转 180°，形成 C 变量；以 A 变量为基准，逆时针旋转 270°，形成 D 变量；E、F、G、H 变量分别是 A、B、C、D 变量的镜像显示。"电机保护开关 QL3"的 8 个符号变量如图 3-34 所示。

当选中的符号出现在光标上时，可通过 Ctrl 键或 Tab 键选择不同的符号变量。当选中的符号在已插入

图 3-34 "电机保护开关 QL3"的 8 个符号变量

电气原理图后，就不能通过 Ctrl 键或 Tab 键选择不同的符号变量了。此时可在电气原理图中，单击插入的符号，弹出"属性（元件）：常规设备"对话框，打开"符号数据/功能数据"选项卡，在"变量"下拉菜单中选择 A～H 等符号变量，从而通过对符号变量的修改实现已插入符号变量的切换，如图 3-35 所示。

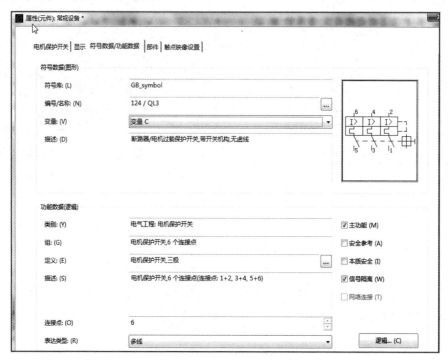

图 3-35 "属性（元件）：常规设备"对话框

3.5.4 符号自动连线

一般情况下，EPLAN 在多线原理图中的符号都是自动连线的。如果在设计过程中，符号之间不能自动连线，则应先检查页类型是否为多线原理图，再检查栅格是否打开，最后检查符号的连接点是否与栅格点对齐。如果两个符号的连接点水平或者垂直对齐，则可自动连线。如果两个符号的连接点需要进行分支、交叉、换向等连接，则需要用到 T 节点：

❶ 选择菜单栏中的"插入"→"连接符号"命令后，即可出现 T 节点的相关子菜单，如图 3-36 所示。

❷ 若在 T 节点的相关子菜单中选择"T 节点向下"，则弹出"T 节点向下"对话框，如图 3-37 所示。

❸ 在"目标"选项组中选中适合的单选按钮即可。

注意：旋转符号的方法有三种：一是按 Ctrl 键，通过旋转鼠标可旋转符号；二是每按一次 Tab 键，符号将自动旋转 90°；三是双击符号，通过修改符号属性可旋转符号。

图 3-36　选择"插入"→"连接符号"

图 3-37　"T 节点向下"对话框

选择菜单栏中的"选项"→"设置"→"用户"→"图形的编辑"→"连接符号"命令,弹出"设置:连接符号"对话框,选中"作为点"单选按钮,如图 3-38 所示。设置完毕后,所有的符号连接点的交叉点都将实心显示。

利用连接符号的自动连线功能,以及应用 T 节点和作为点的绘图示例如图 3-39 所示。

图 3-38　"设置:连接符号"对话框

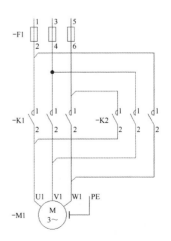

图 3-39　绘图示例

3.6 元件和元件属性

符号仅是一种图形，不含逻辑信息。元件则是被赋予功能（逻辑）的符号，在电气工程中，逻辑是指断路器、继电器、接触器、电机、PLC 等。这些电气工程的逻辑被定义在 EPLAN 的功能定义库中。通过"属性（全局）：常规设备"中"符号数据/功能数据"选项卡下的"功能数据（逻辑）"选项组，可定义符号的功能，如图 3-40 所示。例如，在电气原理图中，标准长方形符号表示接触器线圈，不管从图形上，还是软件逻辑上，EPLAN Electric P8 均可将其正确识别。

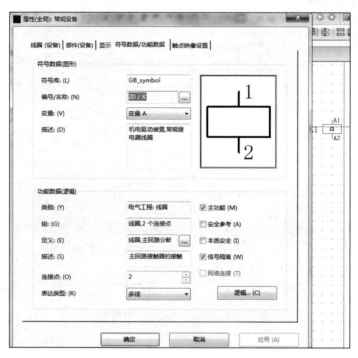

图 3-40　"功能数据（逻辑）"选项组

在了解符号与元件的概念后，就可理解符号或元件的交换。

● 如果是交换符号，则功能可保持不变，仅改变图形的样式。

● 如果是交换元件，则功能可被替换，必须为元件选择一个新符号。

在电气设计中用到的元件都有各自的属性，用于标注自身的特点、区分各自的不同。查看这些属性信息，有助于理解、判断、选择、利用元件。尽管在新建元件属性时已包含一些信息，但在设计过程中，可调整该信息，如更改、删除和添加等。

❶ 在电气原理图中，双击元件符号，或者右键单击元件符号，在弹出的快捷菜单中选择"属性"命令，将弹出"属性（元件）：常规设备"对话框，如图 3-41 所示。

❷ 可通过对话框中的选项卡查看、修改元件的属性。

下面以接触器为例，对各选项卡中的元件属性进行简单说明。

图 3-41　"属性（元件）：常规设备"对话框

3.6.1　"线圈"选项卡

"线圈"选项卡显示的是该线圈的名称，与所查看的线圈功能有关。"线圈"选项卡中含有显示设备标识符、连接点代号、连接点描述、技术参数、功能文本、铭牌文本、装配地点等电气属性。

- 显示设备标识符：显示电气符号的简称。
- 连接点代号：如"A1¶A2"，其中"¶"表示换行（Ctrl+Enter）。
- 连接点描述：用于描述连接点的作用。
- 技术参数：用于描述设备的技术参数。
- 功能文本：用于描述设备的主要功能。
- 铭牌文本：用于描述设备的铭牌。
- 装配地点：用于描述设备的安装地点。

3.6.2　"显示"选项卡

"显示"选项卡主要用来定义属性的显示内容及显示样式，如图 3-42 所示。"显示"选项卡将按照属性顺序逐一显示属性的格式信息。这些属性是在新建符号时设置好的，可通过自定义功能加以更改。

❶ 在"属性排列"下拉列表中选择"用户自定义"。

❷ 通过单击 ⬆ 或 ⬇ 按钮重新排序各属性。

图 3-42　"显示"选项卡

3.6.3　"符号数据/功能数据"选项卡

"符号数据/功能数据"选项卡用于修改符号数据（图形）、定义功能数据（逻辑）、选择表达类型，如图 3-43 所示。

- "符号数据（图形）"选项组主要用于修改符号数据。例如，单击"编号/名称"下拉列表后的 … 按钮，打开"符号选择"对话框，可重新选择符号；在"变量"下拉列表中可选择 8 个变量（变量 A～变量 H），更改已放置的符号变量。
- "功能数据（逻辑）"选项组主要用于定义元件的逻辑功能。例如，单击"定义"下拉列表后的 … 按钮，可进入 EPLAN 内部功能定义库，将符号的某一功能赋予电气逻辑。
- 在"表达类型"下拉列表中有多个选项，可在不同的功能应用中选择相应的选项。

3.6.4　"部件"选项卡

"部件"选项卡主要用于对符号或元件进行选型，指定部件编号。只有具备主功能的设备才有"部件"选项卡，如图 3-44 所示。

在进行部件选型时，有手动选型和智能选型两种方式。

- 手动选型：在"部件编号"下，单击 … 按钮进入"部件库管理"对话框，可根据数据集类型选择合适的部件编号，以及附件类型等信息。由于手动选型时不能筛选与符号功能、部件功能是否匹配的部件型号，因此选型较慢，容易出错。

● 智能选型：单击"设备选择"按钮，弹出如图 3-45 所示的对话框。软件会自动查找与符号功能、部件功能相匹配的部件型号，以帮助用户缩短查询时间。

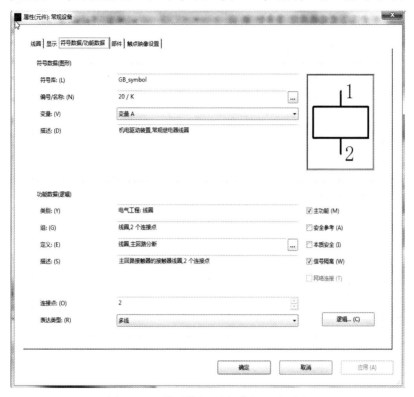

图 3-43　"符号数据/功能数据"选项卡

图 3-44　"部件"选项卡

图 3-45　智能选型

注意："属性（元件）：常规设备"对话框中的选项卡会随着元件的不同功能定义而发生变化，如图 3-46 所示。例如，若元件功能被定义为"断路器"，则选项卡为 4 个："线圈"选项卡、"显示"选项卡、"符号数据/功能数据"选项卡、"部件"选项卡；若元件功能被定义为"触点"，则选项卡为 3 个，少了"部件"选项卡；若元件功能被定义为"线圈"，则选项卡为 5 个，多了"触点映像设置"选项卡。

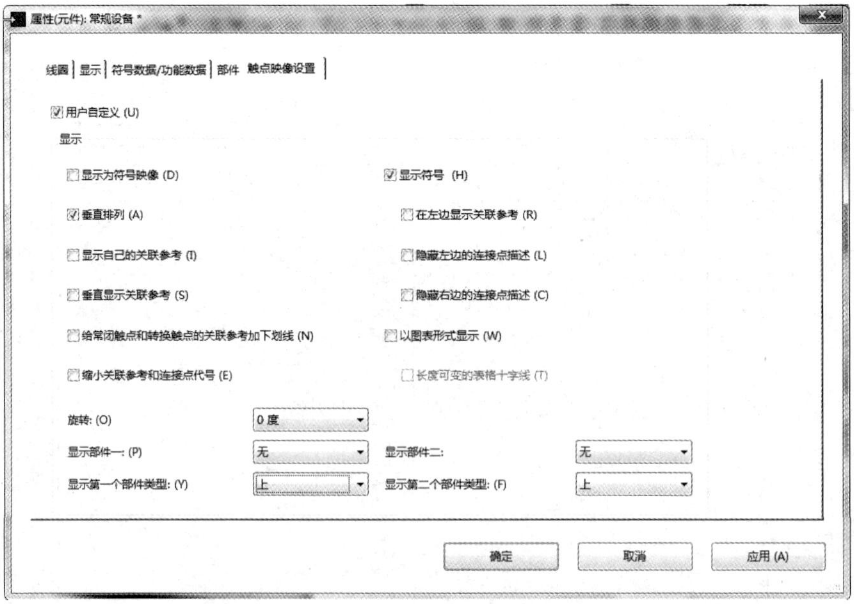

图 3-46　"属性（元件）：常规设备"对话框

3.7　关联参考

关联参考是指 EPLAN 符号元件的主功能与辅助功能之间的逻辑、视图连接。关联参考通常包括中断点关联参考、常规设备关联参考和成对关联参考。

3.7.1　中断点关联参考

中断点主要用于属性完全相同的电缆在不同样式中的连接（在电源线中使用较多），如主回路中的三相电源线及转化的电源线等。进行中断点关联参考的操作如下。

注意：中断点包括成对中断点和星状中断点。成对中断点由源中断点和目标中断点组成，即第一个中断点指向第二个中断点，第二个中断点指向第三个中断点，依次类推。中断点可跨页使用，通常把源中断点放在图纸的右半部分，目标中断点放在图纸的左半部分。

❶ 选择菜单栏中的"插入"→"连接符号"→"中断点"命令，插入中断点，此时中断点符号将附在光标上，放置在图纸右半部分作为源中断点，如图 3-47 所示。单击源中断点，弹出"属性（全局）：中断点"对话框，打开"中断点"选择卡，在"显示设备标识符"文本框中定义中断点名称为"L1"，如图 3-48 所示。

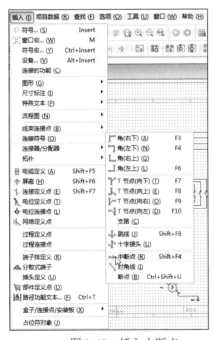

图 3-47　插入中断点　　　　　图 3-48　"属性（全局）：中断点"对话框

❷ 选择菜单栏中的"插入"→"连接符号"→"中断点"命令，插入中断点，此时中断点符号将附在光标上，放置在下一页图纸的左半部分作为目标中断点。单击目标中断点，弹出"属性（全局）：中断点"对话框，打开"中断点"选择卡，在"显示设备标识符"文本框中输入项目名称"L1"，或者单击"显示设备标识符"文本框后的 … 按钮，选择中断点"L1"，单击"确定"按钮，中断点自动完成关联参考。

图 3-49 和图 3-50 分别是 2T 葫芦吊车主电路图和控制电路图中断点关联参考。

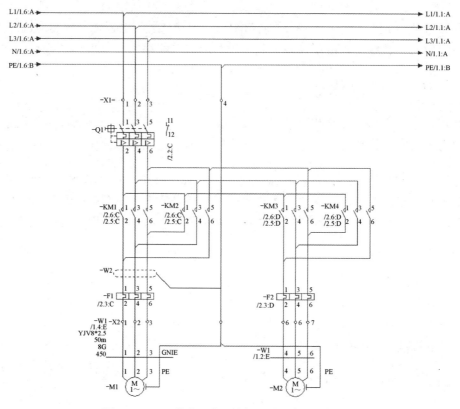

图 3-49　　2T 葫芦吊车主电路图中断点关联参考

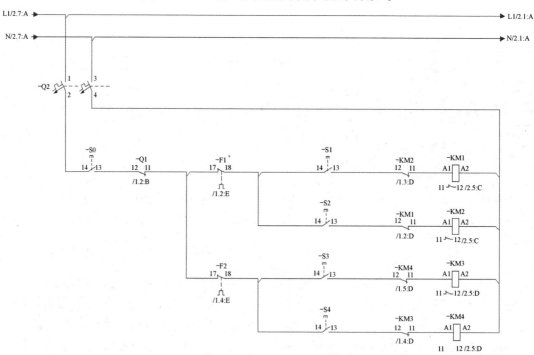

图 3-50　2T 葫芦吊车控制电路图中断点关联参考

3.7.2　常规设备关联参考

EPLAN 的设备由不同的元件组成。这些元件分布在项目不同类型的图纸页上，在不同类型的图纸页上产生关联参考。这种显示方法被称为设备的分散显示。虽然设备的主功能和辅助功能放置在项目的不同图纸页上，但所有相同名字的元件具有相同的设备标识，在具有相同设备标识的元件上，EPLAN 将自动为其添加关联参考。

1．为线圈和触点创建关联参考

对于接触器或继电器来讲，线圈是主功能，触点是辅助功能，EPLAN 会自动在主、辅功能之间产生关联参考。为接触器、继电器的线圈和触点创建关联参考的方法如下。

❶ 在电气原理图中插入两个线圈，在其属性对话框的"显示设备标识符"中输入"-KA1""-KA2"。

❷ 在电气原理图中插入两个常闭触点，在其属性对话框的"显示设备标识符"中同样输入"-KA1"和"-KA2"，因为触点和线圈具有相同的名字，所以产生了关联参考，如图 3-51 所示。

在图 3-51 中，"-KA1"线圈下的显示触点被称为触点映像。触点映像是一种特殊的关联参考形式，不参与电气原理图中的控制，仅用于显示触点的索引。由于触点映像位于线圈下方，因此又被称为在路径上。例如，"-KA1"线圈下的触点映像显示了"-KA1"的所有触点，以及它们在电气原理图中的使用情况（位置）。

2．为电机过载保护器与辅助触点创建关联参考

对电机的保护开关而言，电机过载保护器是主要功能，其主触点和辅助触点是辅助功能，EPLAN 会自动在主功能、辅助功能之间产生关联参考。在实际设计中，将辅助触点和电机过载保护器关联后，将在电机过载保护器的右侧自动显示触点映像的关联参考信息。为电机过载保护器与辅助触点创建关联参考的方法如下。

❶ 在 2T 葫芦吊车主电路图中插入电机过载保护器，在其属性对话框的"显示设备标识符"中输入"-Q1"。

❷ 在 2T 葫芦吊车控制电路图中插入一个常闭触点（11、12），在其属性对话框的"显示设备标识符"中同样输入"-Q1"。因为电机过载保护器与辅助触点具有相同的名字，所以产生关联参考，如图 3-52 所示。

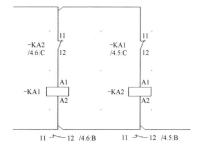

图 3-51　为线圈和触点创建关联参考

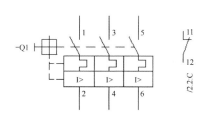

图 3-52　为电机过载保护器与辅助触点创建关联参考

3.7.3 成对关联参考

成对关联参考主要应用在带灯按钮等设备中（由于在主功能按钮右侧不能生成指示灯的映像，因此通常采用成对关联参考的方式进行显示）。电机过载保护器与辅助触点，或者断路器与辅助触点也可通过成对关联参考显示。下面以带灯按钮为例来说明创建成对关联参考的方法（成对关联参考符号需要放置 2 次）。

❶ 在电气原理图中插入一个名为 "-S4" 的按钮。在 "-S4" 按钮左侧插入一个指示灯。注意：必须保持指示灯的插入点与按钮的插入点水平对齐。双击指示灯，弹出 "属性（元件）：常规设备" 对话框，打开 "符号数据/功能数据" 选项卡，在 "功能数据（逻辑）" 选项组中取消勾选 "主功能" 复选框，在 "表达类型" 下拉列表中选择 "成对关联参考"，单击 "确定" 按钮，如图 3-53 所示。

图 3-53 "属性（元件）：常规设备" 对话框

❷ 在电气原理图中插入一个名为 "-S4" 的指示灯。双击 "-S4" 指示灯，弹出 "属性（元件）：常规设备" 对话框，打开 "符号数据/功能数据" 选项卡，在 "功能数据（逻辑）" 选项组中取消勾选 "主功能" 复选框，在 "表达类型" 下拉列表中选择 "成对关联参考"。因为 "-S4" 指示灯与 "-S4" 按钮具有相同的名字，所以产生了成对关联参考，如图 3-54 所示。

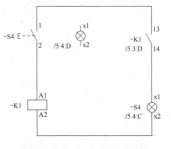

图 3-54 成对关联参考

注意：关联参考的作用是在图纸页中快速定位和查找元件，因此，关联参考必须能够准确指定需要查找的页，并通过页内的列和行来定位位置。正确设置"关联参考/触点映像"的显示形式，有助于快速定位元件。"关联参考/触点映像"的设置属于项目级设置，一般在项目设计之初就需要设置好，在之后的电气原理图的设计过程中将自动显示设置格式，并应用到整个项目中。选择菜单栏中的"选项"→"设置"命令，打开"设置：常规"对话框，如图 3-55 所示。在"关联参考/触点映像"下包含"中断点""元件上的触点映像""常规""路径中的触点映像"等选项：

- "中断点"选项：用于设置中断点的关联参考按照列显示还是按照行显示，是否显示页名称、中断点名称，以及关联参考间的分隔符样式，是否显示目标名称及样式。
- "元件上的触点映像"选项：用于在右侧显示触点映像（如电机过载保护器），显示样式通过设置实现。
- "常规"选项：定义了不同页类型间的关联参考显示。
- "路径中的触点映像"选项：用于在底部显示触点映像（如接触器、继电器），显示样式通过设置实现。

虽然在项目设计中，要求整个项目的"关联参考/触点映像"显示一致，但有时也需要修改个别元件的显示形式：通过个别元件的"属性（元件）：常规设备"对话框中的"触点映像设置"选项卡来实现，如图 3-56 所示。如果需要经常移动触点映像的位置，则可选中元件，单击鼠标右键，在弹出的快捷菜单中选择"文本"→"移动属性文本"命令进行移动。

图 3-55　"设置：常规"对话框

图 3-56 "触点映像设置"选项卡

3.8 端子及端子排

端子是为了方便导线的连接而产生的，是一段封在绝缘塑料里的金属片，两端都有孔，可插入导线，并用螺丝将其紧固或松开。比如，两根导线，有时需要连接，有时需要断开，这时可用端子把它们连接起来，以便随时连接或断开，而不必把它们焊接或缠绕在一起。端子可分为欧式接线端子、插拔式接线端子、变压器接线端子、建筑物布线端子、栅栏式接线端子、弹簧式接线端子、轨道式接线端子、穿墙式接线端子、光电耦合型接线端子等不同系列。在电气行业中，应用最广的是轨道式接线端子，如图 3-57 所示。

图 3-57 轨道式接线端子

端子排是高度分散的设备，由一组端子构成，用来描述组内所有端子的部件和功能模板。不同电气控制柜之间的连接，以及控制柜与现场设备的连接都需要用到端子排。端子排适合大量导线互连，一定的压接面积保证了可靠接触，并能通过足够大的电流。

3.8.1　端子排定义

选择菜单栏中的"插入"→"端子排定义"命令，在图形编辑器中完成如图 3-58 所示的定义。端子名称前的"-X1="是原理图中端子排的图形化表示。

图 3-58　端子排的图形化表示

也可在端子导航器中的空白处单击鼠标右键，在弹出的快捷菜单中选择"生成端子排定义"命令，弹出"属性（元件）：端子排定义"对话框，如图 3-59 所示。在"显示设备标识符"文本框中输入"-X1"来表示端子排。

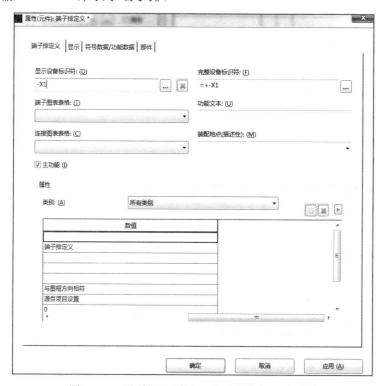

图 3-59　"属性（元件）：端子排定义"对话框

3.8.2　创建和放置端子

在项目设计中，端子比较特殊，需要提前在导航器中预设。在预设过程中，应规划好端子排功能。创建和放置端子的步骤如下：

❶ 打开本项目，选择菜单栏中的"插入"→"端子排定义"命令，可在图形编辑器中表示每个端子排的具体使用功能。选择菜单栏中的"项目数据"→"端子排"→"导航器"命令，打开"端子排-2T 葫芦吊车控制系统"导航器，右键单击"端子排定义"，在弹出的快捷菜单中选择"新建端子（设备）"命令，如图 3-60 所示。弹出"生成端子（设备）"对话

框，在"完整设备标识符"文本框中输入-X1。

❷ 如果是单层端子，则在"编号式样"文本框中输入"1-10"，代表有 10 个端子，如图 3-61 所示；如果是多层端子，则在"编号式样"文本框中输入"1a，1b，1c，2a-5c"，代表有 5 个多层端子，如图 3-62 所示。

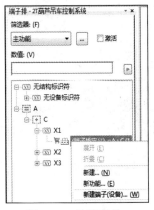

图 3-60 快捷菜单

图 3-61 输入"1-10"

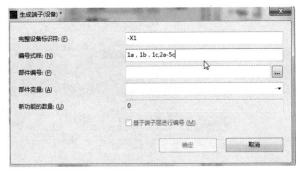

图 3-62 输入"1a，1b，1c，2a-5c"

❸ 单击"部件编号"文本框后的 … 按钮，弹出"部件选择"对话框，如图 3-63 所示。选择合适的端子部件后，单击"确定"按钮。

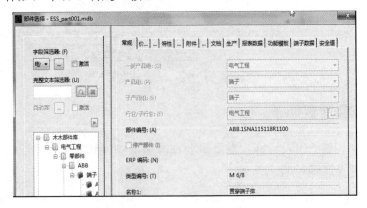

图 3-63 "部件选择"对话框

❹ 返回"生成端子（设备）"对话框后，"部件变量"和"新功能的数量"文本框中将自动显示数据，如图 3-64 所示。单击"确定"按钮，自动生成预览的端子，如图 3-65 所示。

图 3-64　"生成端子（设备）"对话框　　　　图 3-65　生成预览的端子

❺　完成端子预设后，需要添加"端子排定义"。这是一个非常重要的功能。例如，添加对端子排的功能说明——交流电源端子：右键单击 X1 的端子标识符，在弹出的快捷菜单中选择"生成端子排定义"命令，如图 3-66 所示；弹出"属性（元件）：端子排定义"对话框，在"功能文本"文本框中输入"交流电源端子"，如图 3-67 所示；单击"确定"按钮，即可在 X1 后显示"端子排定义"；按照同样的方式，定义项目的其余端子排，如图 3-68 所示。

图 3-66　快捷菜单

图 3-67　"属性（元件）：端子排定义"对话框

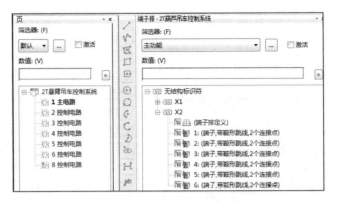

图 3-68　定义项目的其余端子排

❻ 打开电机主回路电气原理图，在电机上方插入电机端子：从电机端子接线排导航器中，将端子排定义拖至电机左侧；在电机与热继电器之间，批量插入 X3 端子排下的 1、2、3、4 号端子，并将选中的端子拖至左侧连接线上；单击鼠标左键不放，向右横向拉出一条直线，快速将端子插入电机上方，如图 3-69 所示。

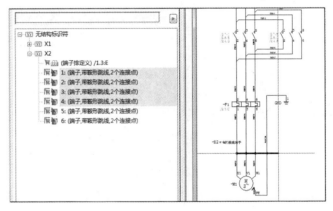

图 3-69　将端子插入电机上方

❼ 利用标记检查未放置端子：在"端子排-2T 葫芦吊车控制系统"导航器中，已放置端子前端的主功能标记会自动显示，未放置端子的主功能标记为凹陷状态，如图 3-70 所示。这一功能在后期检查图纸中是否放置端子时非常有用。

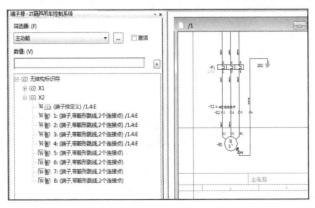

图 3-70　图纸中已放置的端子

注意：在项目设计中常会预留一些备用端子，以便后期维护时使用。这些备用端子不需要全部绘制在原理图中，但在端子图表上要有显示，有些项目还要显示预留备用端子的短接关系。端子导航器中的预设功能可以满足备用端子的预留要求，在端子导航器中创建未放置的端子，在生成图表的时候评估导航器中的状态。这样，不管端子是否绘制在电气原理图中，在端子表中都会生成端子显示。

3.9　电缆

电缆由一根或多根相互绝缘的导体和外包绝缘保护层制成，用于将电力或信息从一处传输到另一处。

3.9.1　电缆定义

❶ 选择菜单栏中的"插入"→"电缆定义"命令，电缆定义线的符号将附着在光标上，在电缆上方单击鼠标，即可放置电缆定义线。横向拖动电缆定义线，可连接电缆芯线。此时单击鼠标可确定电缆定义起点，连接完成后，再次单击鼠标可确定电缆定义终点，完成电缆定义，如图 3-71 所示。

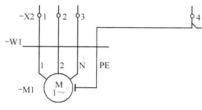

图 3-71　电缆定义

注意：系统在电缆定义线和连接交叉点上自动放置了连接定义点，否则无法为连接赋予电缆芯线。

❷ 在"属性（元件）：电缆"对话框中可定义标识符，并设置电缆的其他电气属性，如图 3-72 所示。

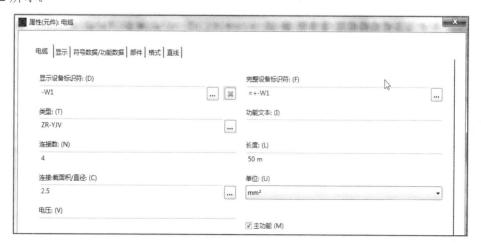

图 3-72　"属性（元件）：电缆"对话框

3.9.2 "电缆"导航器

❶ 选择菜单栏中的"项目数据"→"电缆"→"导航器"命令，可打开"电缆"导航器。单击鼠标右键，在弹出的快捷菜单中选择"新建"命令，即可打开"功能定义"对话框，如图 3-73 所示。

❷ 选中"电缆定义"选项，可为电缆命名（如 W1），并填写其他与电缆相关的属性。返回"电缆"导航器后，可看到已创建一根未放置的电缆 W1，如图 3-74 所示。

图 3-73 "功能定义"对话框   图 3-74 "电缆"导航器

❸ 在"电缆"导航器中，单击鼠标右键，在弹出的快捷菜单中选择"放置"命令，可将电缆放置在"多线""单线""总览""拓扑""管道及仪表流程图"等图纸页中。

注意：在"电缆"导航器中，可选择要放置的电缆和芯线，也可选择电缆的名称。当选择电缆名称时，所有属于同一电缆名称的功能都能被放置。

3.9.3 电缆选型

电缆选型可分为自动选型和手动选型（建议使用自动选型，可自动分配电缆芯线）。

1．自动选型

电缆的自动选型功能可根据电缆模板，自动为其连接分配电缆芯线。

❶ 在电气原理图中，选中需要自动选型的电缆，单击鼠标右键，在弹出的快捷菜单中选择"属性"命令，进入"属性（元件）：电缆"对话框，在"部件"选项卡中单击"设备选择"按钮，打开"设备选择 多线=A+C-W1（电缆定义）-ESS_part001.mdb"对话框，如图 3-75 所示。

❷ 选中某一电缆编号，在"选择的部件：功能/模板"选项组中可显示电缆的细节，如电缆的连接颜色、连接编号、连接截面积等。

❸ 单击"确定"按钮，部件编号将被写入电缆属性。关闭"属性（元件）：电缆"对话框，在电气原理图中即可看到电缆的 4 根芯线被正确指派到 4 个连接上，特别是将接地零线 GNYE 正确分配给电机的接地回路，并显示电缆名称、电缆型号和电压等级等相关电缆参数，如图 3-76 所示。

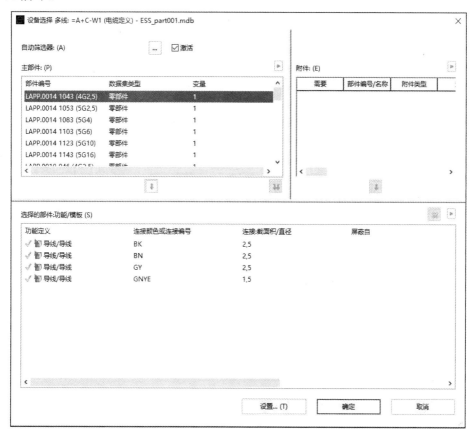

图 3-75　"设备选择 多线：=A+C-W1（电缆定义）-ESS_part001.mdb"对话框

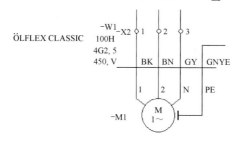

图 3-76　电缆自动选型

2. 手动选型

电缆的手动选型功能，需要对电缆进行编辑和调整后才能正确分配电缆芯线。

❶ 在电气原理图中，选中需要选型的电缆，单击"属性"，进入"属性（元件）：电缆"对话框，在"部件"选项卡中可为电缆选型。

❷ 单击"部件编号"后的 ⋯ 按钮，打开"部件选择-Ess_part001.mdb"对话框，如图 3-77

所示。浏览电缆类别中的电缆，选择一根大于 4 芯的电缆，单击"确定"按钮，将部件编号写入电缆属性。

图 3-77　"部件选择-Ess_part001.mdb"对话框

❸ 再次单击"确定"按钮，关闭"属性（元件）：电缆"对话框。在电气原理图中只显示电缆名称、电缆型号和电压等级等相关电缆参数，并没有将电缆的 4 个芯线正确指派到 4 个连接上，如图 3-78 所示。

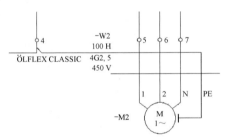

图 3-78　电缆手动选型

3.9.4　电缆编辑

电缆编辑的作用是在不需要手动更改电气原理图中的电缆芯线时，通过手动调整达到调节电缆芯线的目的。在设计电气原理图的过程中，经过大量操作后，电缆芯线与端子不再按原有顺序接线，特别是在电缆的手动选型时，不能进行电缆芯线的自动匹配，这时就需要进行电缆编辑。

❶ 选中需要编辑的电缆，选择菜单栏中的"项目数据"→"电缆"→"编辑"命令，或者在"电缆"导航器中单击鼠标右键，在弹出的快捷菜单中选择"编辑"命令，即可打开选中电缆的"编辑电缆"对话框，如图 3-79 所示：左侧窗格描述了真实电缆的模板；右侧窗格描述了此电缆赋予的原理图连接情况。

❷ 单击 按钮，可将电缆的连接上下移动，当电缆的连接与左侧电缆模板对应时，表示电缆芯线被正确指派，如图 3-80 所示。

图 3-79　选中电缆的"编辑电缆"对话框

图 3-80　电缆芯线被正确指派

❸ 在电缆芯线被正确指派给相应连接后，通过交换连接方式可实现电气原理图中电缆芯线的互换，如图 3-81 所示。

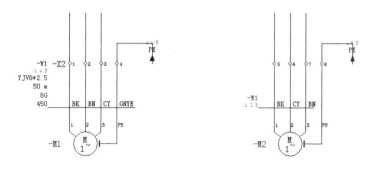

图 3-81　电缆芯线互换

3.9.5　电缆编号

由于各项目的设备编号规则不尽相同，因此需要对电缆进行重新编号。

❶ 选定需要编号的电缆区域，选择菜单栏中的"项目数据"→"电缆"→"编号"命令，如图 3-82 所示，或在"电缆"导航器中单击鼠标右键，在弹出的快捷菜单中选择"电缆设备标识符编号"命令。

❷ 在电气原理图或导航器中选择电缆，执行"编号"命令，弹出"对电缆编号"对话框，如图 3-83 所示。

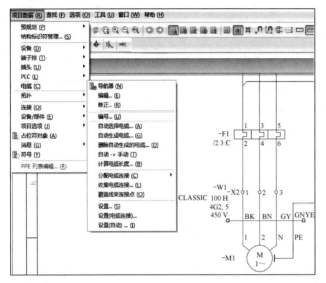

图 3-82 选择"项目数据"→"电缆"→"编号"

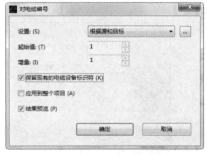

图 3-83 "对电缆编号"对话框

❸ 单击"设置"下拉列表右侧的 ... 按钮，进入"设置：电缆编号"对话框，如图 3-84 所示。在"格式：（F）"下拉列表中选择"根据源和目标"选项，在"配置"下拉列表中选择"根据源和目标"选项。

❹ 单击"确定"按钮，关闭"设置：电缆编号"对话框，弹出"对电缆编号：结果预览"对话框，如图 3-85 所示。确认无误后，单击"确定"按钮。电缆编号的前后对比如图 3-86 所示。

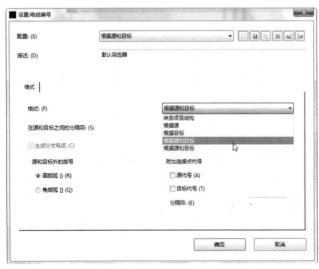

图 3-84 "设置：电缆编号"对话框

图 3-85 "对电缆编号：结果预览"对话框

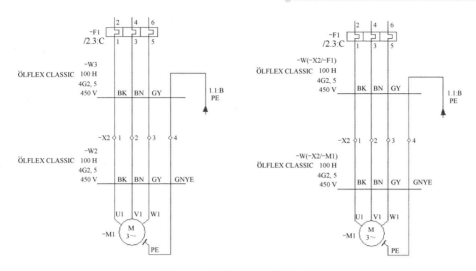

图 3-86　电缆编号的前后对比

3.9.6　电缆选型

可通过自动选择电缆功能为原理图上未选型的电缆指定预先选好型号的电缆。

❶ 在电气原理图上或在导航器中选择"电缆"→"自动选择电缆",打开如图 3-87 所示的"自动选择电缆"对话框。在"设置"下拉列表中可选择默认设置或自定义一个设置,还可勾选"只是自动生成或命名的电缆"或"应用到整个项目"复选框。

图 3-87　"自动选择电缆"对话框

❷ 在"自动选择电缆"对话框中,单击"设置:(S)"下拉列表右侧的 按钮,弹出"设置:自动选择电缆"对话框,如图 3-88 所示。在"配置"下拉列表中选择"3 芯电缆和 4 芯电缆"选项。在"电缆预选"选项组中单击 按钮,打开"部件选择-Ess_pass001.mdb"对话框,选择一根 3 芯电缆和一根 4 芯电缆,单击"确定"按钮,关闭"设置:自动选择电缆"对话框。

图 3-88　"设置:自动选择电缆"对话框

❸ 设置完成后，可为电气原理图中的电缆定义线选择电缆型号。例如，在导航器中选择 W2 和 W3，单击鼠标右键，在弹出的快捷菜单中选择"电缆"→"自动选择电缆"命令，弹出"自动选择电缆"对话框。系统会根据电气原理图，在 W3 处选择 3 芯电缆，在 W2 处选择 4 芯电缆，如图 3-89 所示。

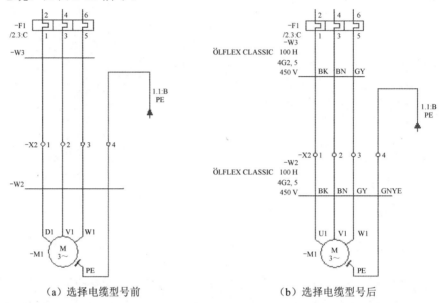

（a）选择电缆型号前　　　　　　　（b）选择电缆型号后

图 3-89　自动选择电缆型号

3.9.7　自动生成电缆

EPLAN 能自动生成电缆及与电缆相关的功能，并快速完成电气原理图的设计。在电缆的设计中，电缆定义线已绘制在电气原理图中并实现交叉连接，产生连接定义点，电缆编号也按照设备编号（在线）进行编排。在自动生产电缆的过程中，可根据实际情况对电缆编号进行调整。

❶ 在导航器中选择含有电缆的原理图页，或者在电气原理图中选择对应的电缆，选择菜单栏中的"项目数据"→"电缆"→"自动生成电缆"命令，打开"自动生成电缆"对话框，如图 3-90 所示。

❷ 在"电缆生成"选项组、"电缆编号"选项组和"自动选择电缆"选项组中，可采用默认设置，也可单击 按钮进行自定义设置。设置完成后，"对电缆编号：结果预览"对话框如图 3-91 所示。自动生成电缆的结果如图 3-92 所示。

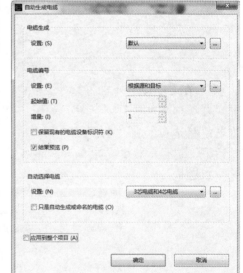

图 3-90　"自动生成电缆"对话框

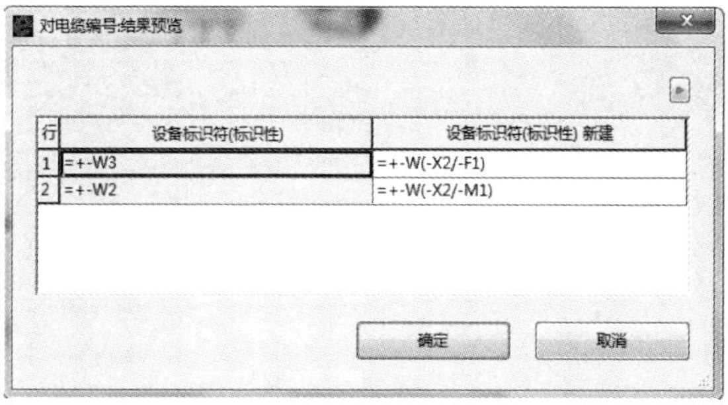

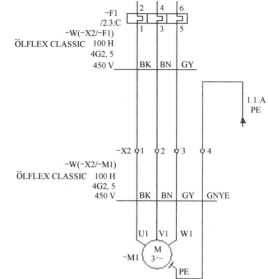

图 3-91　"对电缆编号：结果预览"对话框

图 3-92　自动生成电缆的结果

3.9.8　分配电缆连接

选择菜单栏中的"项目数据"→"电缆"→"分配电缆连接"→"保留现有属性"（或"全部重新分配"）命令，可进行分配电缆连接设置。

- 若选择"保留现有属性"，则在分配电缆的剩余芯线时，不会影响早已分配的芯线。例如，W1 是 8 芯电缆，通过"编辑电缆"对话框将 1、3、5、GNYE 芯线分配给电机 M1，如图 3-93 所示，分配结果如图 3-94 所示。若需要将 W1 电缆的剩余芯线分配给电机 M2，并且希望电机 M1 的 1、3、5、GNYE 芯线保持不变，则可在导航器中选中 W1 电缆（若在电气原理图中选择，则需要同时选中两根 W1 电缆定义线），选择菜单栏中的"项目数据"→"电缆"→"分配电缆连接"→"保留现有属性"命令，此时 W1 电缆中的 2、4、6 芯线将分配给电机 M2，如图 3-95 所示。

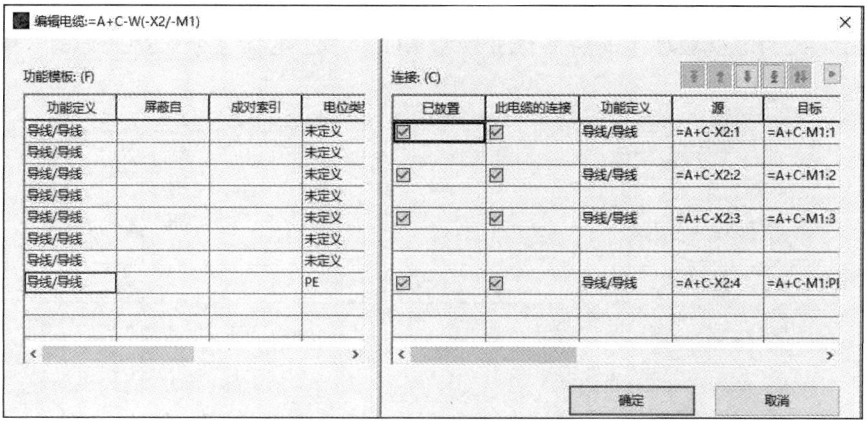

图 3-93　将芯线的 1、3、5、GNYE 分配给电机的 M1

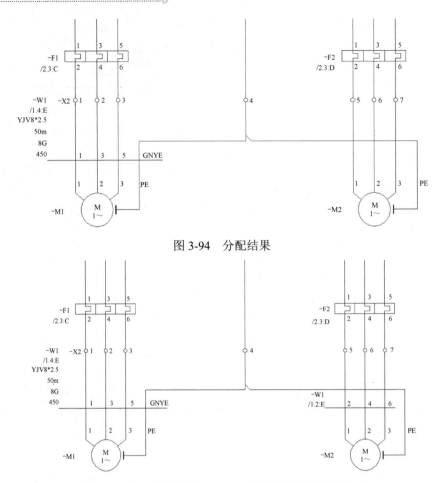

图 3-94　分配结果

图 3-95　W1 电缆中的 2、4、6 芯线将分配给电机 M2

● 若选择"全部重新分配"，则在分配电缆的剩余芯线时，将连同已分配的芯线重新进行评估、分配。例如，W1 是 8 芯电缆，在把 1、3、5、GNYE 芯线分配给电机 M1 后，希望重新分配芯线，此时可在导航器中选中 W1 电缆，选择菜单栏中的"项目数据" → "电缆" → "分配电缆连接" → "全部重新分配"命令，W1 电缆将按电缆功能模板上定义的芯线顺序重新将芯线分配给 M1 和 M2 电机，分配结果如图 3-96 所示。

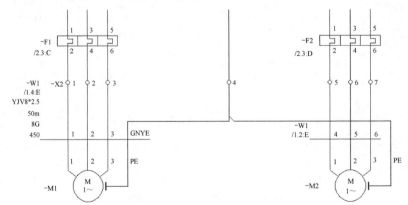

图 3-96　更新分配结果

3.9.9 屏蔽电缆

❶ 选择菜单栏中的"插入"→"屏蔽"命令可绘制电缆的屏蔽层。在屏蔽符号附在光标上后,选择屏蔽电缆的放置位置,单击鼠标左键可定义屏蔽电缆的起点。移动光标,再次单击鼠标左键时即可定义屏蔽电缆的终点。

❷ 放置好屏蔽电缆后,单击鼠标右键,在弹出的快捷菜单中选择"屏蔽电缆"命令,弹出"属性(元件):屏蔽"对话框。

❸ 单击"显示设备标识符"文本框后的 … 按钮,弹出"设备标识符-选择"对话框,如图 3-97 所示。选择 W2(电缆标识),单击"确定"按钮关闭所有对话框。

注意:通常情况下,屏蔽层要有接地示意标识。在放置屏蔽线后,在屏蔽线终点旁会有一个连接点,该连接点可对外连线。屏蔽线接地效果如图 3-98 所示。

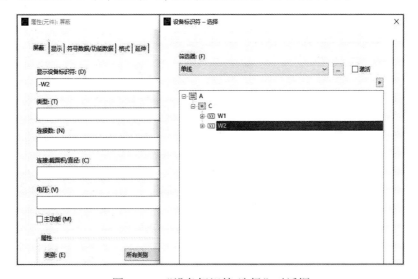

图 3-97 "设备标识符-选择"对话框

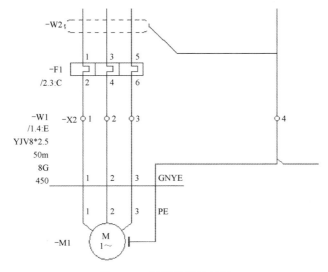

图 3-98 屏蔽线接地效果

3.10 思考题

1．如何更改项目描述？
2．如何改变图纸背景颜色？
3．交互式页有几种页类型？
4．如何取消自动连接线的连接？
5．怎样修改接触器、继电器线圈与关联触点间的距离？
6．怎样修改连接电缆的颜色？

第4章

小车送料控制系统设计

本章将以小车送料控制系统为例，介绍创建项目、设置项目属性、设置项目结构、输入项目名称及结构描述等内容；在绘制原理图的过程中，介绍图形编辑器、文本、连接、电位和信号、自动编号连接、黑盒、结构盒等应用方法；在前一章介绍符号应用的基础上，进一步介绍如何新建符号库和符号，以及更新符号、导入和导出符号库等。

4.1 项目概述

在小车送料控制系统中，小车由电机拖动：若电机正转，则小车前进；若电机反转，则小车后退。小车的运行过程：在小车装料完毕后，向前运行送料；在到达卸料 B 处（前限位开关 SQ2）后，小车停下卸料；30s 后，小车卸料完毕；后退，小车到达装料 A 处（后限位开关 SQ1），停下装料；45s 后，小车装料完毕再次向前运行送料，不断循环以上过程。小车送料控制系统示意图如图 4-1 所示。

图 4-1 小车送料控制系统示意图

现场操作台包括 4 个按钮（启动按钮、停止按钮、急停按钮和复位按钮）：启动按钮在任何位置都可用；停止按钮只能在装料 A 处和卸料 B 处使用；如果在小车运行过程中出现意外情况，则可通过急停按钮令小车停止运行，直至处理完意外情况，按下复位按钮才能启动小车。现场操作台还包括 4 个指示灯，分别表示小车停止、小车正转、小车反转、小车因意外情况急停等。

在小车主电路的电机保护开关中有常开辅助触点和常闭辅助触点，只有合上电机保护开关，小车控制电路才能运行。电机中有热继电器，用于小车电机的过载保护。若电机过载，则常闭辅助触点断开，控制电路停止运行。根据现场实际情况，可选择"Y180L-4 15KW 电机"为小车电机。现场操作台还有运行/调试位置的转换开关：在将转换开关拨至调试位置后，即便不合上电机保护开关，小车送料控制系统也能够工作；在将转换开关拨至运行位置后，若不合上电机保护开关，则小车送料控制系统不能工作。

本系统采用西门子 S7-200 PLC 进行控制，PLC 在输出时采用 24V 直流继电器，并通过直流继电器控制主电路的交流接触器。

4.2 设置项目

4.2.1 创建项目

❶ 选择菜单栏中的"项目"→"新建"命令，弹出"创建项目"对话框。

❷ 在"项目名称"文本框中输入"小车送料控制系统"，如图 4-2 所示。勾选"设置创建日期"和"设置创建者"复选框，对创建日期和创建者进行设置。

图 4-2　"创建项目"对话框

注意：项目的保存位置应设置在非系统盘目录下，以防在系统出现问题时无法恢复项目。例如，本项目保存在"E:\书的例子"目录下。

❸ 单击"模板"文本框后的 按钮，弹出"选择项目模板/基本项目"对话框。在"文件类型"下拉列表中选择"EPLAN 项目模板（*.ept）"选项，如图 4-3 所示。单击"打开"按钮，返回"创建项目"对话框。

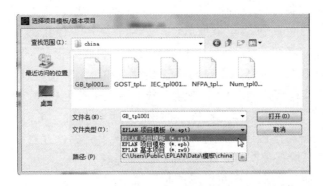

图 4-3　"选择项目模板/基本项目"对话框

❹ 单击"确定"按钮，弹出"创建新项目"对话框。在该对话框中可显示软件自动导入项目模板的进度，如图 4-4 所示。

图 4-4　"创建新项目"对话框

4.2.2　设置项目属性

❶ 导入项目模板后，将弹出"项目属性：小车送料控制系统"对话框，如图 4-5 所示。

图 4-5　"项目属性：小车送料控制系统"对话框

❷ 在"属性"选项卡中，可为项目添加新属性或删除不需要的属性。例如，在项目中添加"审核人"和"审核日期"属性，删除"代理"和"环境因素"等不相关属性，便于使用报表和图框标题栏中的数据，如图 4-6 所示。

❸ 如果在"属性名"列表中不能找到需要的属性名称，如"校对者"及"校对日期"，则可通过"用户增补说明 1"和"用户增补说明 2"属性代替，如图 4-7 所示。

图 4-6 添加"审核人"和"审核日期"属性

图 4-7 通过"用户增补说明 1"和"用户增补说明 2"属性代替

4.2.3　设置项目结构

在设置项目属性后，还需要设置项目结构：打开"项目属性：小车送料控制系统"对话框中的"结构"选项卡，如图 4-8 所示。在该选项卡中，可对项目中的页和其他设备的显示设备标识符结构进行设置。在导航器中查看各种设备时，显示的就是此处设置的项目结构。

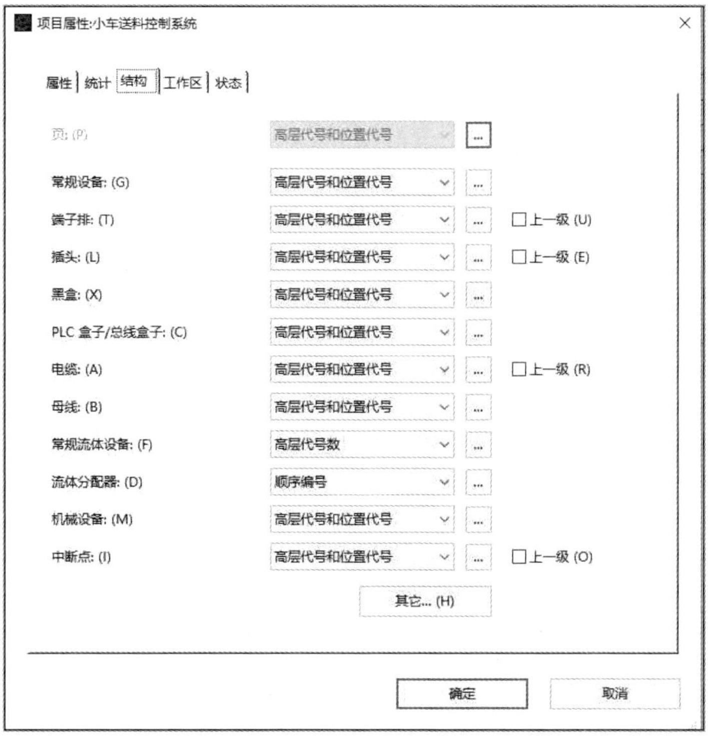

图 4-8　"结构"选项卡

注意：按照 IEC 规范，标准的项目层级结构为"=功能+设备-设备"。在 EPLAN 中，"高层代号"为"="，"位置代号"为"+"，"标识符字母"为"-"。若不显示设备前的"-"，则是不符合规范的。

4.2.4　输入名称及结构描述

在设置项目属性后，还需要对项目结构、功能及位置进行划分。

● 合理的项目结构划分，可以帮助工程师快速、清晰地完成整个项目的原理设计，在后期图纸修改和设备维护时，可快速定位图纸和现场安装设备。
● 功能的划分主要根据系统的功能模块完成，如封面、目录、PLC 总栏、总电源供给、电机单元、小车 A 点位置等。
● 位置的划分主要根据项目中设备所处的主要位置完成，包括柜内、柜外、按钮和接线盒等。

在项目结构确定之后，需要在软件中输入名称和结构描述，操作步骤如下。

❶ 选择菜单栏中的"项目数据"→"结构标识符管理"命令，如图 4-9 所示。

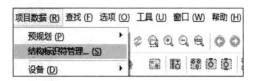

图 4-9　选择"项目数据"→"结构标识符管理"

❷ 弹出"标识符-小车送料控制系统"对话框，打开"=高层代号"选项卡，单击右侧的按钮，添加高层代号的名称和结构描述："名称"为 EX1，"结构描述"为"小车送料控制系统"，如图 4-10 所示。"名称"采用字母缩写，尽量简短，不然会影响设备标识符的长度。

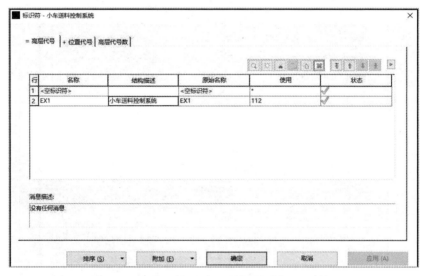

图 4-10　"标识符-小车送料控制系统"对话框

❸ 在"标识符-小车送料控制系统"对话框中打开"+位置代号"选项卡，按照图 4-11 所示输入名称和结构描述。

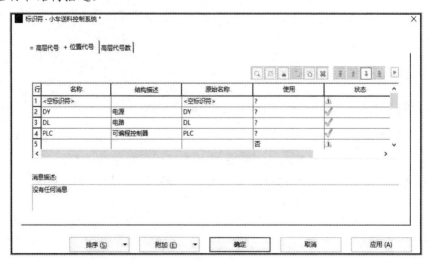

图 4-11　"+位置代号"选项卡

4.3　绘制原理图

4.3.1　图形编辑器

图形编辑器（Graphical Editor，GED）是 EPLAN 的主要工作界面，包含 EPLAN 项目设计的主要编辑功能，具有不同的名称：在设计原理图时，被称为图形编辑器；在打开和编辑表格时，被称为表格编辑器；在打开和编辑图框时，被称为图框编辑器；在打开和编辑符号时，被称为符号编辑器。图形编辑器包括工作区域、标题栏、状态栏等。

● 工作区域是指设计的工作环境。图形编辑器没有固定不变的表现形式，通过工作区域可快速切换不同的工作界面。

● 标题栏用于显示项目名称。用户可按照自定义的方式显示项目名称，如"显示项目路径+项目名称+页的显示"。标题栏的内容是固定的，不可修改。

● 状态栏用于显示当前状态信息，如图 4-12 所示：RX 和 RY 表示当前光标所在位置；"打开"表示捕捉栅格开关处于打开状态，栅格大小为 4mm；"1:1"表示当前打开页的比例是 1:1。

| RX: 25.34　RY: 59.09 | 打开: 4.00 mm | 逻辑 1:1 |

图 4-12　状态栏

注意： 选择菜单栏中的"视图"→"栅格"命令可切换捕捉栅格开关的状态，并选择栅格大小，如图 4-13 所示。例如，在 A 中，栅格大小为 1mm；在 B 中，栅格大小为 2mm；在 C 中，栅格大小为 4mm；在 D 中，栅格大小为 8mm；在 E 中，栅格大小为 16mm。选择菜单栏中的"选项"→"设置"→"用户"→"图形编辑器"→"2D"命令，弹出"设置：2D"对话框，可修改默认的栅格尺寸。例如，将"栅格大小 B"由 2.00mm 修改为 3.00mm，如图 4-14 所示。选择菜单栏中的"选项"→"捕捉到栅格"命令，可设置捕捉栅格开关，如果激活此功能，则在后续操作中可全部捕捉到栅格。选择菜单栏中的"编辑"→"其他"→"对齐到栅格"命令，可使选择对象的插入点重新排列到栅格上。

图 4-13　选择栅格大小

4.3.2　文本

在电气原理图中，除了需要对应用符号、元件和功能定义进行描述，还需要通过文本对项目、原理图、符号、功能、安装板、报表进行说明和描述。

EPLAN 中存在不同类型的文本：自由文本、属性文本、特殊文本、占位符文本和路径功能文本。所有的文本都可被格式化，并自由设置大小、颜色、文字方向、字体等。

1. 自由文本

自由文本是在任意图纸上书写的文本，用来注释某种功能。选择菜单栏中的"插入"→"图形"→"文本"命令，或者按下键盘中的"T"键，即可打开"属性-文本"对话框，在

"文本"列表框中输入相应注释即可，如图 4-15 所示。

图 4-14　修改默认的栅格尺寸

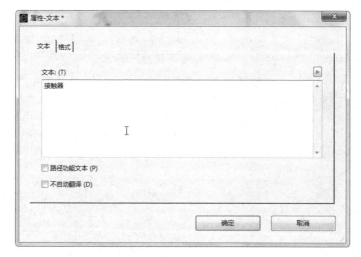

图 4-15　"属性-文本"对话框

2. 属性文本

在 EPLAN 中，每个属性都会被继承或更新，因此，建议在设计过程中多通过属性文本进行注释。属性文本用来描述电气原理图中符号的属性。打开"属性（元件）：常规设备"对话框中的"显示"选项卡，如图 4-16 所示，将显示不同的属性组：带有向下箭头的属性独立成组，可自由移动，不受其他属性影响；未有向下箭头的属性非独立成组，会受到相邻的上一级带有向下箭头属性的影响。例如，"铭牌文本""装配地点（描述性）""块属性[1]"属性与上一级的"功能文本"属性固定为一组，当移动"功能文本"属性时，"铭牌文本""装配地点（描述性）""块属性[1]"属性将随其一起移动。

图 4-16　属性文本的显示

在设计图纸的过程中经常需要移动属性文本，此时可选中需要移动的属性文本，单击鼠标右键，在弹出的快捷菜单中选择"文本"→"移动属性文本"命令，激活"移动属性文本"动作后，拖动属性文本至想放置的位置即可，如图 4-17 所示。图 4-18 为移动属性文本的前后对比。

图 4-17　选择"文本"→"移动属性文本"命令

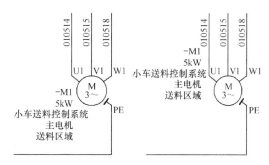

图 4-18　移动属性文本的前后对比

注意：属性文本的设置包含对格式、框、数值/单位和位置的设置，如图 4-19 所示。例如，格式设置包括字号、颜色、方向、角度、层、字体等；框设置包括宽度、高度等。

属性	分配
格式	
字号	源自层
颜色	源自层
方向	右中
角度	0.00°
层	EPLAN512, 属性放置.块属性
字体	字体 1: 宋体
隐藏	源自层
行间距	源自层
语言	所有显示语言(上下排列)
粗体	☐
斜体	☐
下划线	☐
段落间距	源自层
框	
绘制文本区域	源自层
项目创建尺寸	☐
激活标注线	☐
激活位置框	☐
绘制位置框	否
宽度	0.00 mm
高度	0.00 mm
固定文本宽度	☐
固定文本高度	☐
移除换位	☐
从不分开文字	☑
适应图形	不必适应
数值/单位	
位置	

图 4-19　属性文本的设置

3．特殊文本

特殊文本通常包括项目属性或页属性：表格主要使用项目属性；图框主要使用页属性。

● 在打开图形编辑器后，选择菜单栏中的"插入"→"特殊文本"命令，即可选择"项目属性"和"页属性"，如图 4-20 所示。

● 在打开表格时，选择菜单栏中的"插入"→"特殊文本"命令，即可选择"项目属性""页属性"和"表格属性"。

图 4-20　选择"插入"→"特殊文本"命令

4．占位符文本

从字面上可以看出，占位符文本表示"占住固定位置"，之后可再替换该位置的内容。例如，在生产报表时，EPLAN 会利用生产报表中相应对象的值替换占位符文本，如组件、页、符号等。占位符文本的属性设置步骤如下。

❶ 在电气原理图中，选择菜单栏中的"工具"→"主数据"→"表格"→"打开"命令，如图 4-21 所示，进入表格编辑器窗口。

❷ 选择菜单栏中的"插入"→"占位符文本"命令，打开"属性-占位符文本"对话框。

图 4-21　选择"工具"→"主数据"→"表格"→"打开"命令

❸ 选中"属性"单选按钮，单击"操作"文本框后的 ⋯ 按钮，进入"占位符文本-端子图表"对话框。在"元素"列表框中选择"内部连接"选项，在"类别"列表框中选择"功能定义"选项，如图 4-22 所示。

❹ 单击"确定"按钮，完成占位符文本的属性设置。

图 4-22　"占位符文本-端子图表"对话框

5. 路径功能文本

路径功能文本是放置在路径上的特殊文本，路径分为列路径（IEC 标准）或行路径（JEC 标准）。路径中的符号、元件和设备会自动调用已创建的路径功能文本，不需要在个体对象上一一输入。例如，利用路径功能文本描述 PLC 输入/输出回路后，在该回路的其他设备上可自动调用该描述，在报表中也可调用该路径功能文本。

　　为了在后续操作中使用路径功能文本，通常将其放在设备的底部或顶部。选择菜单栏中的"插入"→"路径功能文本"命令，弹出"属性-文本"对话框，可输入路径功能文本（可通过使用"Ctrl+Enter"组合键换行），如图 4-23 所示。

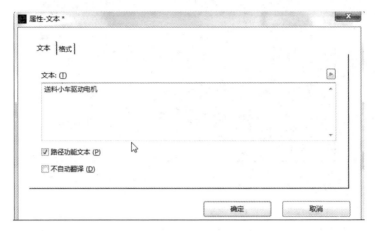

图 4-23　"属性-文本"对话框

4.3.3　连接

1. 更新连接

　　在电气原理图中插入、删除和移动符号设备时会产生连接变化，或者在产生新连接时更新旧有连接。更新连接的目的是生成连接图表、接线表等。

● 选择菜单栏中的"选项"→"设置"→"用户"→"显示"→"常规"命令，弹出"设置：常规"对话框。若勾选"在切换页时更新连接"复选框，则在打开项目、关闭项目或翻页时会自动更新连接，如图 4-24 所示。

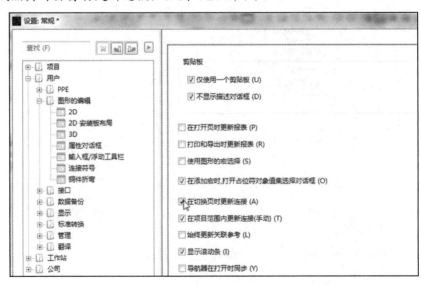

图 4-24　勾选"在切换页时更新连接"选项

● 选择菜单栏中的"项目数据"→"连接"→"在切换页时更新连接"命令，也可在打开项目、关闭项目或翻页时会自动更新连接。

2. 打断连接

连接是可以被打断的，也可将已打断的连接恢复。

● 若想打断连接，则可选中需要打断处，选择菜单栏中的"插入"→"连接符号"→"断点"命令，将选择处的连接打断，如图 4-25 所示。例如，热继电器和电机连线处被打断，如图 4-26 所示。

● 若要恢复被打断的连接，则可选中需要恢复连接的位置，单击鼠标右键，在弹出的快捷菜单中选择"撤销"命令，被打断的连接即可恢复，如图 4-27 所示。

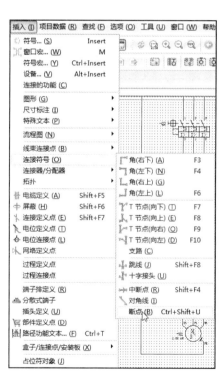

图 4-25　连接打断操作

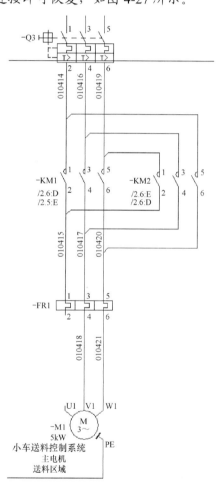

图 4-26　热继电器和电机连线处被打断

3. 连接导航器

连接导航器包含与连接相关的所有数据。在连接导航器中可管理现存的连接。在本项目的电气原理图中，选择菜单栏中的"项目数据"→"连接"→"导航器"命令，弹出"连接 -小车送料控制系统"对话框，如图 4-28 所示。在此对话框中可查看"源"列表和"目标"

列表。单击鼠标右键，在弹出的快捷菜单中选择"配置显示"命令，可查看列表中显示的属性，以便了解连接信息。

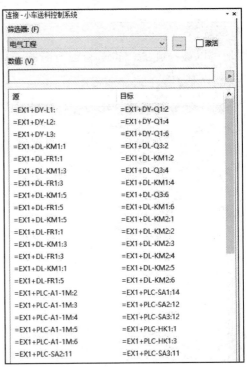

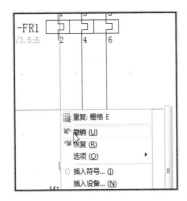

图 4-27　恢复被打断处　　　　图 4-28　"连接-小车送料控制系统"对话框

4.3.4　电位和信号

电位表示在特定时间内的电压水平；信号是电位的子集，名称必须与电位名称不同，包含不同的数据，通过连接在不同的电气原理图之间传输。电位或信号可由电位定义点和电位连接点定义。

- 电位定义点用来指定一个或多个传递连接的电位属性。这些属性可在项目中预定义，也可在电位连接点或中断点设置。在电位定义点中，电位和耗电设备连接的信号被一起指定，可提高在耗电设备处检查电位的便捷性。电位定义点常用于定义元器件的连接电位，如常见的电位类型有 L、N、PE 等。
- 电位连接点是一个功能，含有逻辑。相对于功能定义，电位连接点表现为"中性"。通过电位定义点和电位连接点，可得到如下数据：电位名称、信号名称、电位类型、电位值和相对电位。在工程设计中，电位连接点的符号类似于端子符号，但不能用端子符号代替电位连接点的符号。电位连接点用于发起电位，如三相电源的起点、从其他结构中引入的电源、作为本张图纸的电源进线等。

通过"电位跟踪"和"信号跟踪"功能，可查看连接的颜色及导线的延伸情况。

❶ 选择菜单栏中的"视图"→"电位跟踪"命令或"视图"→"信号跟踪"命令，即可激活"电位跟踪"和"信号跟踪"功能。

❷ 选中一个连接后，该连接的颜色就会发生变化，并能看到导线的延伸情况。

❸ 按下 Esc 键或单击鼠标右键，在弹出的快捷菜单中选择"取消"命令，即可结束电位跟踪和信号跟踪操作。

4.3.5 自动连接编号

1. 设置

打开"小车送料控制系统"项目，选择菜单栏中的"项目数据"→"连接"→"编号"→"设置"命令，或者选择菜单栏中的"选项"→"设置"→"项目"→"小车送料控制系统"→"连接"→"连接编号"命令，即可打开"设置：连接编号-小车送料控制系统"对话框，如图4-29所示。

图4-29 "设置：连接编号-小车送料控制系统"对话框

（1）"配置"下拉列表

可通过"配置"下拉列表选择连接编号的命名规则（系统已定义好的命名规则），也可自定义连接编号的命名规则。常用的连接编号命名规则有如下几种。

● 基于信号：信号相同的所有连接编制相同的连接代号。
● 基于电位：电位相同的所有连接编制相同的连接代号。
● 基于连接：每个连接都需要编制新的连接代号。

（2）"筛选器"选项卡

在"筛选器"选项卡中选择连接编号的行业和功能定义。

（3）"放置"选项卡

打开"放置"选项卡，如图 4-30 所示。单击"编号/名称"文本框后的 按钮，可在弹出的对话框中选择"放置图形"选项。若不想显示斜线，则可选择"无图形符号"选项。

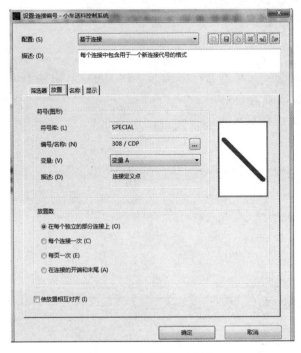

图 4-30 "放置"选项卡

"放置数"选项组用于定义放置连接定义点的频率。

● 在每个独立的部分连接上：在连接图形的每个独立部分都放置一个连接定义点。
● 每个连接一次：在连接图形的第一个独立部分放置一个连接定义点。
● 每页一次：在页中图形的第一个独立部分放置一个连接定义点。
● 在连接的开端和末尾：在连接图形的第一个和最后一个独立部分放置一个连接定义点。

（4）"名称"选项卡

打开"名称"选项卡，如图 4-31 所示。"格式组"列表框用于定义编号的连接组和范围。单击 按钮，可弹出"连接编号：格式"对话框，定义新的连接编号规则，如图 4-32 所示。

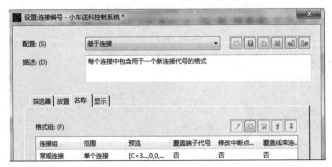

图 4-31 "名称"选项卡

注意：在"连接组"下拉列表中可选择已定义的连接组。例如，常规连接即所有连接、与PLC 连接点相连的连接、与PLC 连接点(卡电源和总线电缆)相连的连接、连接到"PLC连接点、I/O 点"或"PLC 连接点、可变"的连接、与插头相连的连接、与端子相连的连接、与电位连接点相连的连接、与中断点相连的连接、与母线相连的连接。

图 4-32　"连接编号：格式"对话框

（5）"显示"选项卡

在"显示"选项卡中可设置连接编号的字号、颜色、方向、角度等，如图 4-33 所示。

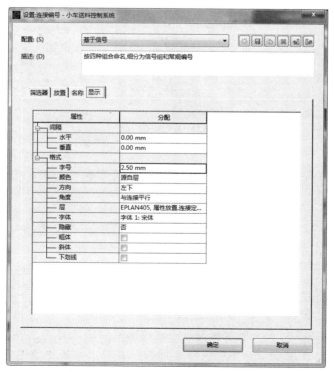

图 4-33　"显示"选项卡

2. 放置

❶ 在小车送料控制系统中的"接触器控制电路原理图"页中，选择需要放置连接编号的区域，选择菜单栏中的"项目数据"→"连接"→"编号"→"放置"命令，弹出"放置连接定义点"对话框，如图 4-34 所示。在"设置"下拉列表中选择自动编号方式："基于信号""基于电位""基于连接"，单击"确定"按钮。

图 4-34 "放置连接定义点"对话框

❷ 返回"接触器控制电路原理图"页后，在应放置连接编号的地方放置"????"，如图 4-35 所示。

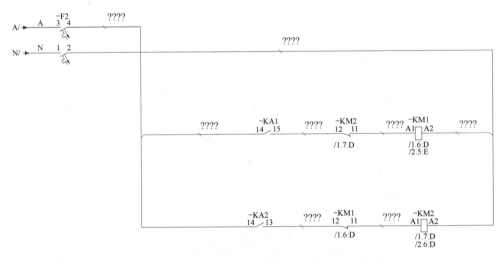

图 4-35 放置"????"

3. 命名

选择菜单栏中的"项目数据"→"连接"→"命名"命令，弹出"对连接进行说明"对话框，如图 4-36 所示。

- "起始值/增量"选项组：用于列出在当前设置中定义的、包含一个计数器/子计数器的全部连接组，并可设置当前计数器的起始值和增量。
- "覆盖"下拉列表：用于确定覆盖连接定义点名称的范围。若选择"全部"选项，则表示覆盖全部连接定义点名称；若选择"无"选项，则表示已具有名称的连接保持不变，其他将会获得新建代号。
- "避免重名"下拉列表：用于确定是否允许重名。若选择"无"选项，则表示允许重名；若选择"在整个项目中"选项，则表示在整个项目中要避免重名；若选择"每个计数器的复位范围（结构/页）"选项，则表示在计数器的复位范围内避免重名。

- "可见度"下拉列表：用于设置显示哪些连接编号。若选择"不更改"选项，则不显示设置为"不可见"的连接编号（默认设置）；若选择"均更改"选项，则表示即使设置为"不可见"的连接编号也可见；若选择"每页和范围一次"选项，则显示每个图形的第一个连接编号，以及在相同范围内的全部连接编号。
- "标记为'手动放置'"复选框：若勾选此复选框，则所有的连接编号手动放置。
- "应用到整个项目"复选框：若勾选此复选框，则连接编号将扩展到整个项目。
- "结果预览"复选框：若勾选此复选框，则在连接编号显示之前，先显示"对连接进行说明：结果预览"对话框，并可在此对话框中进行修改，如图 4-37 所示。

图 4-36　"对连接进行说明"对话框

图 4-37　"对连接进行说明：结果预览"对话框

4．三种自动编号的比较

在"放置连接定义点"对话框中的"设置"下拉列表中可选择自动编号方式："基于信号""基于电位""基于连接"。

● 若选择"基于信号"选项，则接触器控制电路原理图的编号如图 4-38 所示。

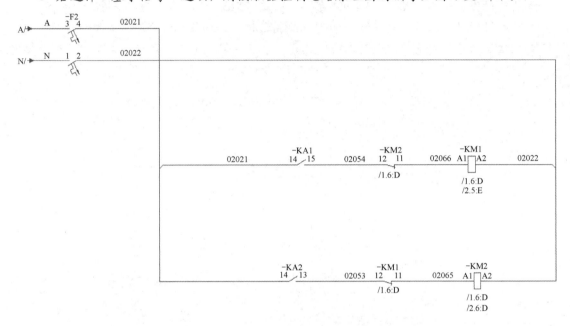

图 4-38　"基于信号"下的接触器控制电路原理图编号

● 若选择"基于电位"选项，则接触器控制电路原理图的编号如图 4-39 所示。

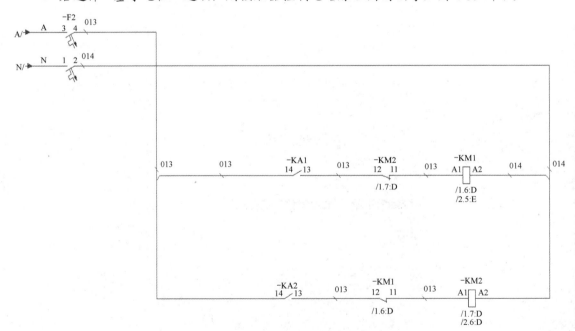

图 4-39　"基于电位"下的接触器控制电路原理图编号

● 若选择"基于连接"选项，则接触器控制电路原理图的编号如图 4-40 所示。

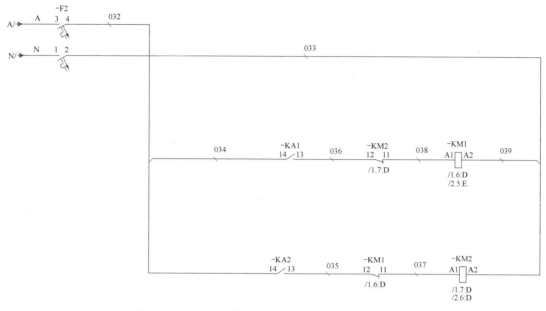

图 4-40 "基于连接"下接触器控制电路原理图编号

通过以上原理图可以看出，"基于信号"的自动编号方式最为恰当。

5. 小车送料控制系统项目原理图的自动编号连接

电源分配图的自动编号连接如图 4-41 所示。

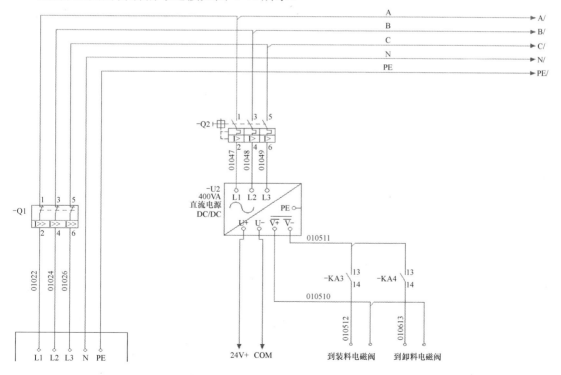

图 4-41 电源分配图的自动编号连接

主电路图的自动编号连接如图 4-42 所示。

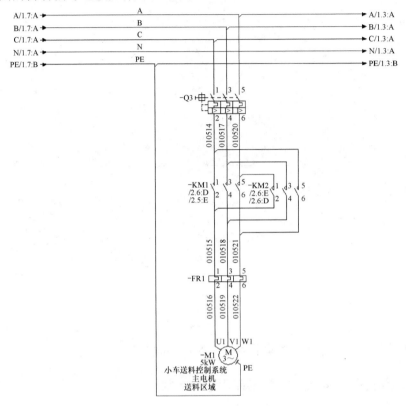

图 4-42　主电路图的自动编号连接

PLC 控制电路图的自动编号连接如图 4-43 所示。

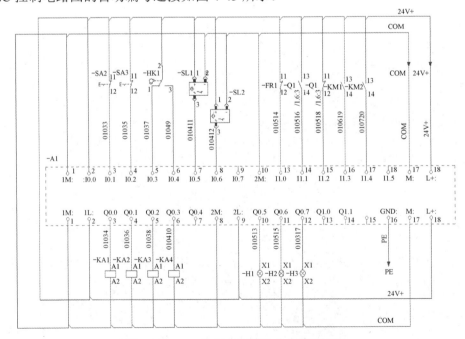

图 4-43　PLC 控制电路图的自动编号连接

接触器控制电路原理图的自动编号连接如图 4-44 所示。

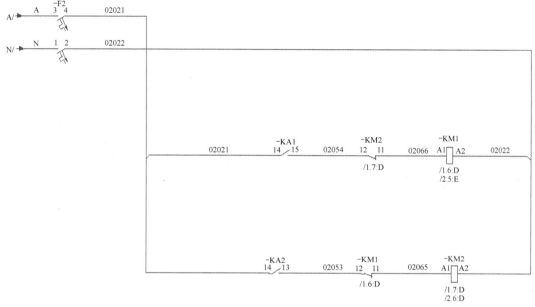

图 4-44　接触器控制电路原理图的自动编号连接

6．删除整个项目的自动编号

若要删除整个项目的自动编号，则可选择菜单栏中的"项目数据"→"连接"→"编号" →"删除"命令，弹出"删除连接代号"对话框，选中"仅连接代号"单选按钮，勾选"应 用到整个项目（A）"复选框，单击"确定"按钮即可，如图 4-45 所示。

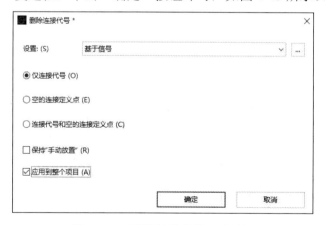

图 4-45　"删除连接代号"对话框

7．修改连接颜色

在 EPLAN 中，为了形象化地描述连接导线，可修改连接导线的线型、粗细和颜色。

❶ 打开电位定义点、连接定义点和电位连接点的"属性"对话框，在"格式"选项卡 中可设置连接导线的线宽、线型和颜色等，如图 4-46 所示。

❷ 选择菜单栏中的"项目数据"→"连接"→"更新"命令，即可更新连接。

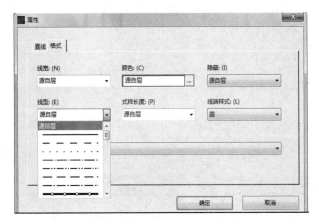

图 4-46 "格式"选项卡

注意：许多初学者在修改连接导线的颜色时，会双击连接导线。由于 EPLAN 中的导线是自动连接的，因此双击导线不会有任何变化。

8. 智能连接

选择菜单栏中的"选项"→"智能连接"命令，可激活"智能连接"功能，表示即使移动原理图上的符号，也将保持原有的电气连接关系不变。例如，在小车送料控制系统主电路中移动 M1 时，自动连线保持不变，并根据空间判断合理走线，如图 4-47 所示。

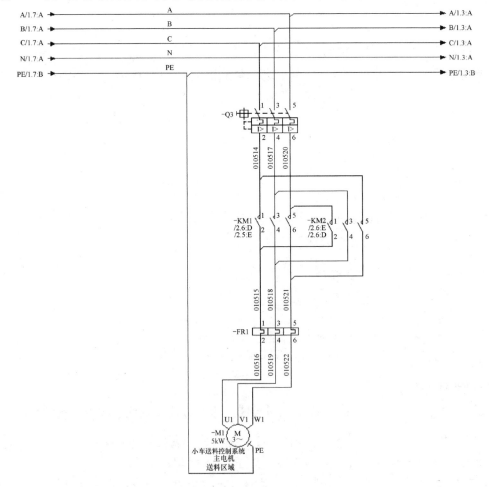

图 4-47 小车送料控制系统主电图

9. 连接与连接定义点的区别

连接的属性由连接定义点定义。由于自动连线的存在，项目中的连接可随时产生或消失，因此没必要长期管理连接及其属性。连接定义点并不等于连接，主要表现在以下方面。

- 一个连接具有多个连接定义点。
- 一个连接定义点可属于多个连接。
- 连接定义点仅能在图形编辑器中编辑。当改变连接定义点时，所有的连接将在更新后改变。
- 连接仅能在连接导航器中编辑。当改变连接时，所有与连接相关的连接定义点都会被改变。

4.3.6　黑盒

黑盒由图形元件组成。在电气设计过程中，很多工作场景都需要利用黑盒处理，例如：

- 描述符号库中没有的设备和配件符号。
- 描述符号库中不完整的设备和配件。
- 描述 PLC 的装配件。
- 描述一个复杂的设备，如变频器。这些设备可能会在多张图纸中用到，并形成关联参考。
- 描述在同一设备标识下的多个符号，如带有制动线圈的电机。
- 描述备用电缆连接（如果不用黑盒描述，则会产生"没有目标的电缆连接"错误）。
- 描述嵌套的设备标识，如设备"-A1"中含有端子排"-X1"和"-X2"，嵌套后的端子排设备标识应为"-A1-X1"和"-A1-X2"。
- 描述重新定义的端子设备标识（因端子设备标识不能修改）。
- 描述不能利用标准符号表示的特殊保护设备。通常情况下，应显示这些设备的触点映像。

1. 黑盒的制作

在小车送料控制系统中，使用的电源采用三相交流电源输入、双 24V 直流电源输出。在软件自带的符号库中，没有表示该电源的符号。由于这种电源只是在本项目中临时使用，因此在设计时使用黑盒进行描述。下面将举例说明黑盒的制作步骤如下。

❶ 插入黑盒：在直流电源供给原理图中绘制一个长方形，用来表示黑盒。双击黑盒，打开"属性（元件）：黑盒"对话框，在相应的文本框内输入数据，如显示设备标识符、技术参数、功能文本等，如图 4-48 所示。单击"确定"按钮关闭对话框。此时黑盒和它的属性一起被写入项目中。选择菜单栏中的"插入"→"盒子/连接点/安装板"→"黑盒"命令，即可在直流电源供给原理图中插入黑盒。

注意：通常情况下，黑盒为长方形，但有些黑盒为多边形。

❷ 绘制图形：通过绘图工具在黑盒内部绘制一个三相交流电源和直流电源图形，如图4-49 所示。

图 4-48 "属性（元件）：黑盒"对话框

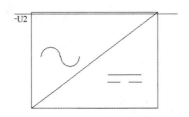

图 4-49 在黑盒中绘制图形

❸ 插入设备连接点：由于黑盒代表一个物理设备，因此重要的是对外连接，而不是内部连接。设备连接点通常用来进行黑盒的外部连接（连接点分为两种：单向连接和双向连接）。选择菜单栏中的"插入"→"盒子/连接点/安装板"→"设备连接点"命令，此时，设备连接点将系附在指针上。按 Tab 键选择想要的设备连接点变量。按住鼠标左键，移动光标，将连接点放在所要放置的位置，完成插入设备连接点操作，如图 4-50 所示。

盒子/连接点/安装板 (X)	结构盒 (S)	Ctrl+F11
占位符对象 (J)	母线连接点 (B)	
	黑盒 (A)	Shift+F11
	设备连接点 (D)	Shift+F3
	设备连接点(两侧) (E)	
	PLC 盒子 (P)	
	PLC 连接点(数字输入) (C)	

图 4-50 插入设备连接点

❹ 编辑设备连接点：双击设备连接点，弹出"属性（元件）：常规设备"对话框，即可在对话框中编辑设备连接点的相关属性，如图 4-51 所示。

❺ 利用黑盒描述的三相交流电源和直流电源图形效果如图 4-52 所示。

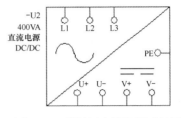

图 4-51　"属性（元件）：常规设备"对话框　　　　图 4-52　利用黑盒描述图形效果

2. 黑盒的功能定义

至此，虽黑盒已制作完成，但在逻辑上并没有实现功能。双击制作的黑盒，弹出"属性（全局）：黑盒"对话框，默认打开"黑盒（设备）"选项卡（仍显示"黑盒"，图形与逻辑不匹配，需要重新为黑盒进行功能定义）。由于 EPLAN 的功能定义库不能被修改和添加，因此只能将三相交流电源和直流电源归到相似的类别中——电压源类，即将黑盒的功能定义由"黑盒"改为"电压源，可变"，操作步骤如下。

❶ 在"属性（全局）：黑盒"对话框中，打开"符号数据/功能数据"选项卡。单击"功能数据（逻辑）"选项组中"定义"文本框后的 ··· 按钮，弹出"功能定义"对话框。

❷ 选中"电压源，可变"选项，连续单击"确定"按钮，即可将黑盒的功能定义由"黑盒"改为"电压源，可变"，如图 4-53 所示。

❸ 再次双击黑盒，弹出"属性（全局）：黑盒"对话框，默认打开"电压源（设备）"选项卡，图形与逻辑匹配。

图 4-53　"功能定义"对话框

3．黑盒的组合

虽然利用绘图工具完成了黑盒、设备连接点、黑盒内部的图形要素的绘制，但它们都是分散的，在移动黑盒或设备连接点时，仅仅是个体对象的移动，此时需要将整个黑盒的各个对象绑定在一起：选中黑盒及其中的所有对象，按下键盘中的"G"键（英文状态下），或选择菜单栏中的"编辑"→"其他"→"组合"命令，将它们组合在一起，组合后的黑盒可整体移动。若选择菜单栏中的"编辑"→"其他"→"取消组合"命令，则可取消黑盒的组合。

注意： ❶ 在需要编辑组合后的黑盒时，无论双击黑盒还是设备连接点，都会弹出"属性（全局）：黑盒"对话框，若想编辑设备连接点的属性，则较为不便。此时可按住"Shift"键，双击设备连接点，在弹出的"属性（全局）：设备连接点"对话框中可进行设备连接点属性的编辑操作。❷ 黑盒代表了常规符号中无法实现的设备描述，黑盒内部符号的表达类型要改为"图形"。

4.3.7 结构盒

结构盒表示在现场的同一位置，功能相近或具有相同页结构的一组设备。与黑盒不同，结构盒具有设备标识符名称，既不是设备，也没有部件标签，不能被选型，而是一种示意。结构盒内的对象必须被重新赋予在页属性中定义的页结构才能使用，如高层代号和位置代号。制作结构盒的操作步骤如下。

❶ 选择菜单栏中的"插入"→"盒子/连接点/安装板"→"结构盒"命令，绘制一个长方形，代表结构盒。

❷ 双击结构盒，弹出"属性（元件）：结构盒"对话框，如图 4-54 所示。

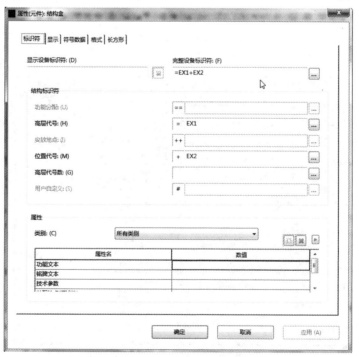

图 4-54 "属性（元件）：结构盒"对话框

❸ 单击"完整设备标识符"文本框后的 按钮更改页结构。将项目已有的项目层级，输入到"高层代号"和"位置代号"文本框中。设置完成后，单击"确定"按钮。

4.4 符号

4.4.1 新建符号库

❶ 选择菜单栏中的"工具"→"主数据"→"符号库"→"新建"命令，如图 4-55 所示，打开"创建符号库"对话框。

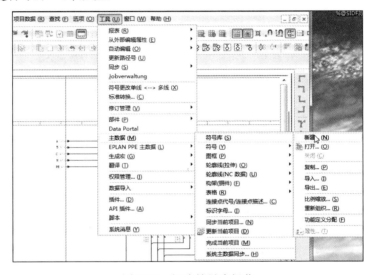

图 4-55 新建符号库操作

❷ 在"文件名"文本框中输入符号库名称"symbol.slk"，如图 4-56 所示。单击"保存"按钮即可新建 symbol 符号库。

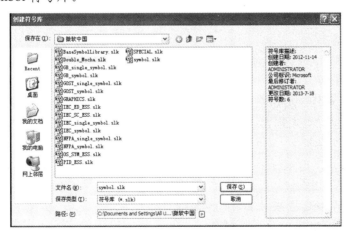

图 4-56 "创建符号库"对话框

4.4.2 新建符号

❶ 由于新创建的符号库内没有符号，因此无法打开和使用，需要在其中新建符号。选

择菜单栏中的"工具"→"主数据"→"符号"→"新建"命令，如图 4-57 所示，或者单击鼠标右键，在弹出的快捷菜单中选择"新建"命令，即可打开"生成变量"对话框。

注意： 在新建符号之前，新建符号所在的符号库必须提前打开，否则新建符号将被放置在当前打开的符号库内。

图 4-57　选择"工具"→"主数据"→"符号"→"新建"命令

❷ 在"生成变量"对话框中默认选中"变量 A"选项，单击"确定"按钮，如图 4-58 所示。

图 4-58　"生成变量"对话框

❸ 弹出"符号属性-symbol"对话框，在"符号编号"下拉列表中选择"1"，在"符号名"下拉列表中选择"继电器"，如图 4-59 所示。单击"功能定义"文本框后面的□按键，弹出"功能定义"对话框。

❹ 在"功能定义"对话框中的"选择"列表框中选择"线圈，触点和保护电路"→"线圈"→"线圈，2 个连接点"→"线圈，主回路分断"选项，如图 4-60 所示。单击"确定"按钮后，即可打开图形编辑器。

❺ 在图形编辑器中的红色小圆圈处（红色小圆圈表示符号的插入位置）绘制一个长方形，用于表示继电器线圈，如图 4-61 所示。

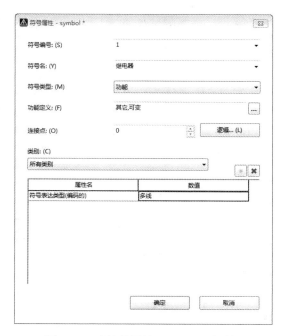

图 4-59　"符号属性-symbol"对话框

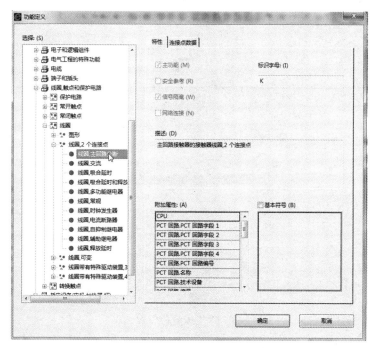

图 4-60　"功能定义"对话框

图 4-61　绘制一个长方形

⑥ 选择菜单栏中的"编辑"→"已放置的属性"命令，打开"属性放置"对话框。在"属性放置"对话框中单击  按钮，打开"属性选择"对话框。在右侧列表框中选择需要的属性文本，如设备标识符、功能文本、关联参考、技术参数、安装地点等，如图 4-62 所示。

⑦ 一个变量可生成多个不同角度的变量，若要增加不同角度的变量，则需要打开符号编辑器，选择菜单栏中的"工具"→"主数据"→"符号"→"新变量"命令，弹出"生成变量"对话框，选择"变量 B"选项，单击"确定"按钮，如图 4-63 所示。

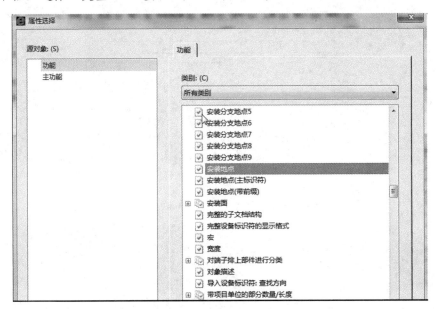

图 4-62   "属性选择"对话框

图 4-63   "生成变量"对话框

⑧ 此时将弹出"生成变量*"对话框，"源变量"列表框中显示"变量 A"，在"旋转绕"列表框中选中"90°"，勾选"绕 Y 轴镜像图形"复选框，即变量 A 绕 Y 轴旋转 90° 后生成变量 B，如图 4-64 所示。按照同样的方法依次建立变量 C 和变量 D:

● 建立变量 C: "源变量"列表框中显示"变量 A"，在"旋转绕"列表框中选中"180°"，勾选"绕 Y 轴镜像图形"复选框，即变量 A 绕 Y 轴旋转 180° 后生成变量 C。

● 建立变量 D: "源变量"列表框中显示"变量 A"，在"旋转绕"列表框中选中"270°"，勾选"绕 Y 轴镜像图形"复选框,即变量 A 绕 Y 轴旋转 270° 后生成变量 D。

❾ 以上步骤完成后,关闭符号编辑器,即可将新建符号添加到符号库中。但若想在项目原理图中应用新建的符号,则需要重新添加该符号库才可用。

图 4-64　生成变量 B

4.4.3　更新符号

❶ 打开符号所在的符号库,选择菜单栏中的"工具"→"主数据"→"符号"→"打开"命令,弹出"打开符号库"对话框,如图 4-65 所示。

❷ 打开需要更新的符号后,在编辑区域即可改变符号属性。合适的设置会使原理图的制作更为方便。符号更新完毕后,在使用时需要重新导入符号库。

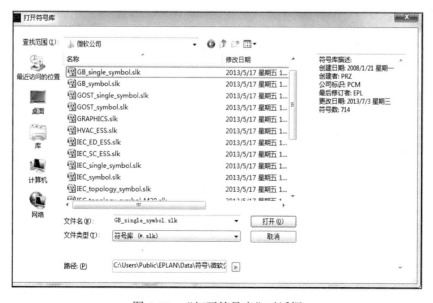

图 4-65　"打开符号库"对话框

4.4.4 导入符号库

❶ 选择菜单栏中的"工具"→"主数据"→"符号库"→"导入"命令，弹出"导入符号库"对话框，如图4-66所示。选中需要导入的符号库（".esl"文件），单击"打开"按钮。

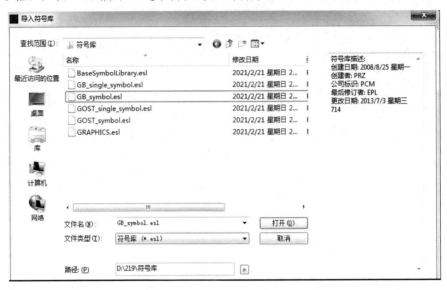

图 4-66 "导入符号库"对话框

❷ 弹出"创建符号库"对话框，将选中的符号库导入所选择的路径下，如 C 盘的"微软公司"文件夹，如图4-67所示。

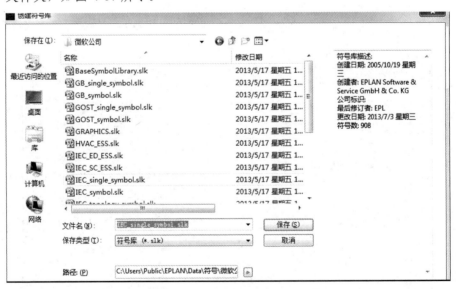

图 4-67 "创建符号库"对话框

4.4.5 导出符号库

❶ 选择菜单栏中的"工具"→"主数据"→"符号库"→"导出"命令，弹出"导出符号库"对话框，找到需要导出符号库文件的路径，选中要导出的符号库，单击"打开"按

钮，如图 4-68 所示。

❷ 弹出"创建导出文件"对话框，将选中的符号库导出到备注的路径内，即可完成符号库的导出操作，如图 4-69 所示。

图 4-68　"导出符号库"对话框

图 4-69　"创建导出文件"对话框

4.5　思考题

1．自由文本、属性文本、特殊文本和占位符文本之间的区别是什么？

2．黑盒和结构盒的区别是什么？

3．如何在对话框中输入文本时换行？

第 5 章

液压站控制系统设计

本章通过设计一个液压站控制系统，主要讲述部件的创建、导入和导出，2D 安装板的放置、插入、定位、标注，报表的定义、设置和生成，宏的概念、分类、创建，项目的打包和解包、备份和恢复、导入和导出等。

5.1 项目概述

液压站控制系统主要由一台 110kW 主液压机电机和一台 30kW 辅助风机组成：主液压机电机采用星形启动、三角形运行的方式；辅助风机采用直接启动的方式。辅助风机启动后，主液压机机电机才能启动。液压站控制系统的主电路图及控制电路图分别如图 5-1、图 5-2 所示。

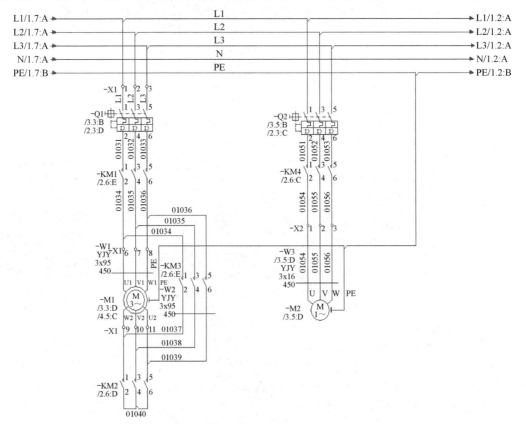

图 5-1　液压站控制系统的主电路图

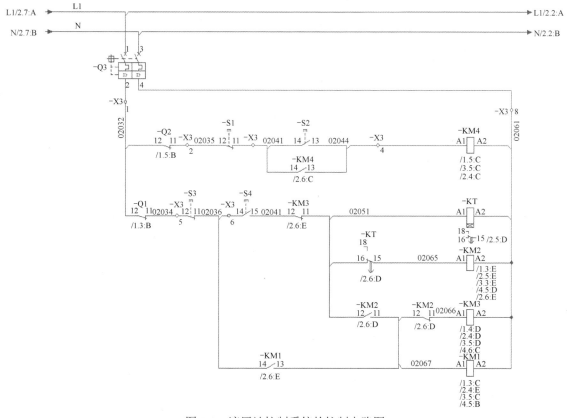

图 5-2　液压站控制系统的控制电路图

5.2　部件设计

EPLAN 在电气设计方面分为两个层次。

- 面对图纸：基于符号的设计。
- 面对对象：基于部件的设计。

电气设计师在绘制电气图纸时，不仅需要在图纸上放置符号，还需要对电气元件进行选型，包括相关的设备信息，如技术参数、技术特性、商务数据、外形尺寸、设备功能定义，以及所用符号和窗口宏等。部件管理是项目设计过程中的重要环节，尤其在采用面向对象设计方式时，需要先完善部件数据库。部件数据库和主数据属于基础数据，只有完整的部件数据库才能为设计带来质的飞跃。

5.2.1　创建部件数据库

由于 EPLAN 自带的部件有限，在实际设计工作中不可避免地会用到自定义部件，因此用户需要掌握自定义部件操作。在自定义部件之前，需要创建部件数据库，以便将之后新建或导入的部件放入此部件数据库中。

❶ 查看当前部件数据库：选择菜单栏中的"选项"→"设置"→"用户"→"管理

→ "部件"命令，进入"设置：部件管理"对话框。在"Access：（A）"文本框中会显示当前部件数据库的名称：ESS_part001.mdb，如图 5-3 所示。

图 5-3　"设置：部件管理"对话框

❷ 更换当前部件数据库：单击"Access：（A）"文本框右侧的 按钮，弹出"选择文件"对话框，选择所需要更换的部件数据库后，单击"打开"按钮，返回"设置：部件管理"对话框。单击"确定"按钮即可更换当前部件数据库，如图 5-4 所示。

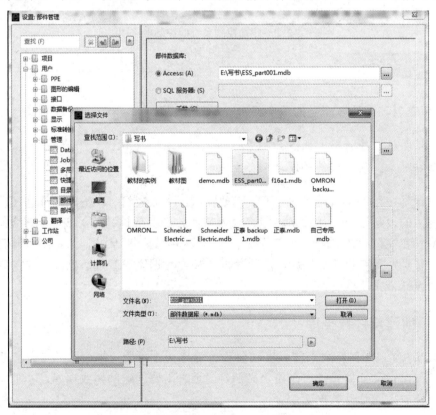

图 5-4　"选择文件"对话框

❸ 创建部件数据库：选择菜单栏中的"工具"→"部件"→"管理"命令，进入"部件管理-ESS_part001.mdb"对话框。在下方的"附加"下拉列表中选择"新数据库"选项，打开"生成新建数据库"对话框，新建"f16a1"部件数据库，保存在"E:\写书"目录下，如图 5-5 所示。

图 5-5　"生成新建数据库"对话框

5.2.2　创建部件

如果在 EPLAN 自带的部件中没有想要的部件，则可创建部件。从生产材料表的角度看，创建部件时仅需要几个字段（如部件编号、部件类型、名称 1、名称 2、生产商、宽度、高度等，其中，部件编号是部件管理的重要字段，也是部件的主要标识）即可将部件描述清楚。

下面以一个 160A 接触器和辅助触点为例，描述手动创建部件的过程。

❶ 打开部件管理器，选择菜单栏中的"工具"→"部件"→"管理"命令，进入"部件管理-ESS_part001.mdb"对话框。右键单击左侧的"部件"→"电气工程"→"零部件"→"继电器接触器"选项，在弹出的快捷菜单中选择"新建"命令，如图 5-6 所示，新建型号为 CJ20-160 的 160A 接触器。

❷ 选择新建的部件（型号为 CJ20-160 的 160A 接触器），在右侧"常规"选项卡中，设置部件的产品组，填写各部件编号，如图 5-7 所示。

图 5-6　"部件管理-ESS_part001.mdb"对话框

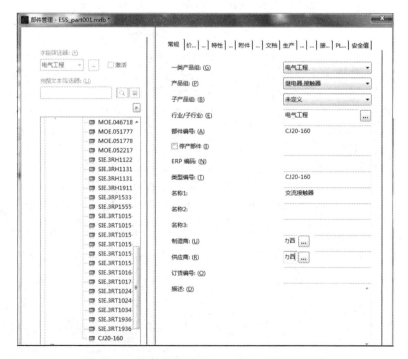

图 5-7　"部件管理-ESS_part001.mdb"对话框

- 打开"常规"选项卡，在"一类产品组"下拉列表中选择"电气工程"选项；在"产品组"下拉列表中选择"继电器，接触器"选项。由于产品组的分类和内容是固定的，用户不能新建和修改，错误的分类会造成参数的错误设置，因此必须正确填写产品组，选择适当的分类。

● 部件数据库中的每条记录会有唯一的 ID，即部件编号。一般情况下，部件编号由供应商的缩写构成。如果是没有订货编号的产品，则可用型号代替。总之，"部件编号"文本框是必须填写的。

● 在"类型编号"文本框中显示部件的常用型号，如 CJ20-160。

● 在"名称 1""名称 2""名称 3"文本框中均可输入部件名称。一般情况下，"名称 1"文本框中的部件名称会出现在报表中的"名称"列，因此在编写部件信息时，"名称 1"文本框是必须填写的。

● 在"制造商"和"供应商"文本框中，可直接填写制造商和供应商的名称，也可通过文本框右侧的▦按钮，在 EPLAN 提供的制造商和供应商列表中选择。

● 订货编号是生产厂家为某一规格的产品设置的唯一代码，相比于型号，自然语言的描述更为科学、准确。在 EPLAN 中，常用制造商和订货编号的组合表示产品的部件编号。

● "描述"文本框中的文字较多，一般不出现在报表中，其主要作用是在部件选型时给出简单的信息描述，不是必须填写的。

● 输入完成后，单击"应用"按钮可保存设置。单击"确定"按钮将关闭"部件管理-ESS_part001.mdb"对话框，系统弹出如图 5-8 所示的"部件管理"对话框，用于表示在部件管理的过程中产生了数据改动，提示是否需要执行数据同步：若单击"是"按钮，则同步项目数据，主数据的变化将会影响项目数据；若单击"否"按钮，则不同步项目数据，主数据的变化不会影响项目数据。

图 5-8　"部件管理"对话框

❸ 打开部件管理器，选择菜单栏中的"工具"→"部件"→"管理"命令，再次进入"部件管理-ESS_part001.mdb"对话框。选择新建的部件（型号为 CJ20-160 的 160A 接触器），打开"安装数据"选项卡，可通过单击"图形宏"文本框右侧的▦按钮选择 3D 模型宏或 2D 布局图符号宏：如果在项目设计中存在 EPLAN Pro Panel 模块，则在"图形宏"文本框中选择 3D 模型宏（因为通过 3D 模型宏可直接生产 2D 布局图符号宏）；如果在项目设计中只有 2D 原理图，则在"图形宏"文本框中选择 2D 布局图符号宏即可。关联完成后，在相应图纸类型中可快速插入已关联的宏，如图 5-9 所示。

注意：电气原理图中的部件外形可保存为图形宏，部件数据库中的部件可以通过"图形宏"文本框中的路径来指定。

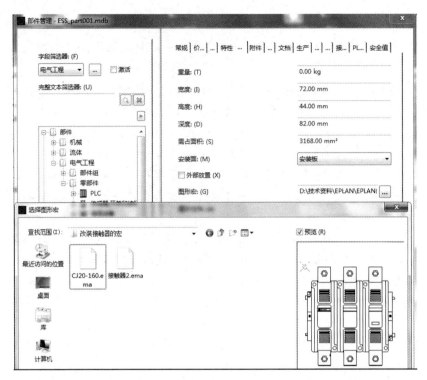

图 5-9　插入已关联的宏

❹ 可通过单击"图片文件"文本框右侧的⋯按钮关联设备的图片文件，并在"安装间隙（宽度方向）"文本框中输入左、右间隙，如图 5-10 所示。

图 5-10　关联设备的图片文件

❺ 打开"附件"选项卡，如果新建的部件是其他设备的附件，则勾选"附件"复选框；如果该设备有相应的附件，如安装底座、螺钉等，则可通过单击 ⊞ 按钮，添加相应的附件编号；如果该设备必须携带附件，则可勾选"需要"下的复选框，通过单击"部件编号/名称"下的 ⋯ 按钮选择附件编号（设置完成后，该设备在智能选型时，会自动显示该设备携带的附件编号），如图 5-11 所示。

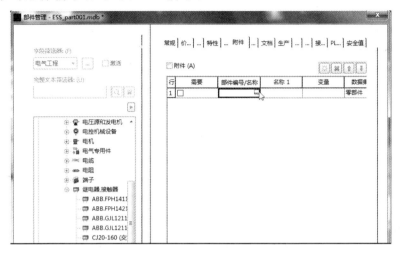

图 5-11 "附件"选项卡

❻ 打开"技术数据"选项卡，可通过单击"宏"文本框右侧的 ⋯ 按钮，进入"选择宏"对话框，关联该设备的原理图符号宏或 2D 布局图符号宏，如图 5-12 所示。

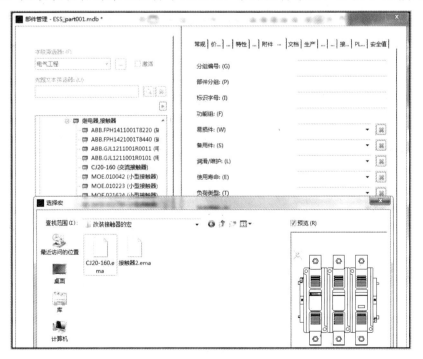

图 5-12 "选择宏"对话框

❼ 打开"文档"选项卡，可关联设备的技术手册或其他文档信息，如图 5-13 所示。

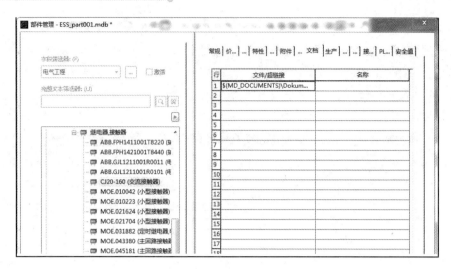

图 5-13 "文档"选项卡

❽ 打开"功能模板"选项卡，单击"设备选择（功能模板）"选项组中右侧的▣按钮，弹出"功能定义"对话框，选中"线圈，主回路分断"选项，如图 5-14 所示。

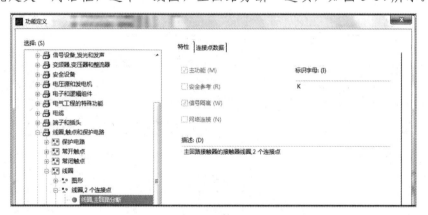

图 5-14 "功能定义"对话框

注意： 在电气原理图中进行设备选型时，要求符号的功能定义与部件模板相匹配，尤其在智能选型时，软件会自动选择与符号功能定义相匹配的部件编号，并将部件数据库中连接点代号写入符号属性的连接点代号中，从而减少手动修改连接点代号的工作量。因此，在新建部件时，不仅需要完善部件的描述字段，还需要创建功能模板。若部件没有功能模板，则不能作为设备插入电气原理图中。

❾ 完善接触器线圈的信息，并填写接触器的 3 个主触点、2 个常开触点、2 个常闭触点信息。设置完成的"功能模板"选项卡如图 5-15 所示。"¶"可通过快捷键"Ctrl+Enter"或"鼠标右键+换行"生成。

注意： 通过上述步骤创建的接触器，如果不需要更多的常开和常闭触点，则在不增加接触器的情况下，可选择含有一对常开和常闭触点的辅助块。

❿ 设置完成后，单击"应用"按钮，即可完成部件的创建操作。

图 5-15 "功能模板"选项卡

5.2.3 导入和导出部件数据

导入和导出功能是 EPLAN 部件管理与外部数据沟通的手段，可将部件数据导出为外部第三方数据格式，以便与供应商沟通；也可以将用户多年积累的元器件库或生产商数据导入EPLAN 部件数据库，以便集中管理和使用。

1. 单个部件数据的导出

❶ 打开部件管理器，选择菜单栏中的"工具"→"部件"→"管理"命令，进入"部件管理-ESS_part001.mdb"对话框。右键单击需要导出数据的部件，在弹出的快捷菜单中选择"导出"命令，如图 5-16 所示。

❷ 弹出"导出数据集"对话框，导出的文件类型有三种：CSV、文本、XML。这里选择"XML"，选中"总文件"单选按钮，通过单击"文件名"文本框右侧的⋯按钮设置导出路径。

❸ 弹出"导出数据集"对话框，导出的文件类型有三种：

图 5-16 "部件管理-ESS_part001.mdb"对话框

CSV、文本、XML。可把所有部件数据导出为一个文件，也可将一个或多个文件导出为单个文件，如图 5-17 所示。这里在"文件类型"下拉列表中选择"XML"，选中"总文件"单选按钮，通过单击"文件名"文本框右侧的 ⋯ 按钮设置导出路径。

图 5-17 "导出数据库"对话框

❹ 单击"确定"按钮，将选择的单个部件数据以 XML 格式导出到设置的路径下。

2. 全部部件数据或部分部件数据的导出

❶ 在"部件管理-ESS_part001.mdb"对话框中的"附加"下拉列表中，选择"导出"选项，如图 5-18 所示。

图 5-18 "部件管理-ESS_part001.mdb"对话框

❷ 弹出"导出数据集"对话框，如图 5-19 所示。在"文件类型"下拉列表中选择"XML"选项；选中"总文件"单选按钮；通过单击"文件名"文本框右侧的 ⋯ 按钮设置导出路径；"数据集类型"选项组列出了各行业可被导出的数据类型，可勾选需要导出的数据类型；"行业"选项组描述了哪些专业的数据可被导出，如电气工程、流体、机械、工艺过程等，勾选需要导出的专业数据。

❸ 单击"确定"按钮，弹出"部件管理"对话框，进度条会动态显示导出进度，直至全部部件数据或部分部件数据导出完毕，如图 5-20 所示。

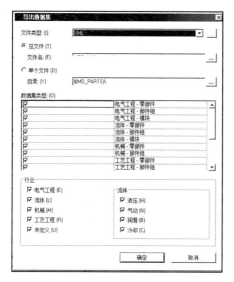

图 5-19　"导出数据集"对话框　　　　　图 5-20　"部件管理"对话框

3. 部件数据的导入

下面通过将 XML 格式的部件数据导入 EPLAN 部件数据库的具体实例进行说明。

❶ 打开"部件管理-f16a1"对话框，在"附加"下拉列表中选择"设置"选项，如图 5-21 所示（f16a1 为之前新建的部件数据库）。

图 5-21　"部件管理-f16a1.mdb"对话框

❷ 进入"设置：部件管理"对话框，设置相应的数据库配置后，单击"确定"按钮，系统将自动加载新的数据库，如图 5-22 所示。

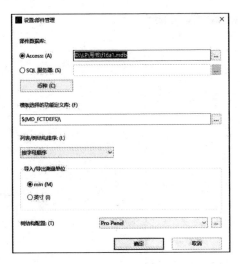

图 5-22 "设置：部件管理"对话框

❸ 打开"部件管理-ESS_part001.mdb"对话框，在"附加"下拉列表中选择"导入"选项，执行部件数据的导入操作，如图 5-23 所示。

图 5-23 "部件管理-ESS_part001.mdb"对话框

❹ 弹出"导入数据集"对话框，在"文件类型"下拉列表中选择"XML"选项；在"文件名"文本框中选择需要导入的 XML 格式文件；单击"确定"按钮，所选择的 XML 格式文件将被导入，如图 5-24 所示。

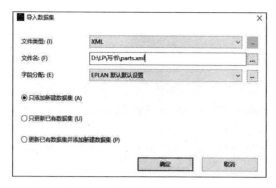

图 5-24　"导入数据集"对话框

5.3　2D 安装板设计

电气工程师在绘制好电气原理图后，还需要设计 2D 安装板，用于指导工艺安装、查看设备的安装位置和尺寸。

5.3.1　添加 2D 安装板

❶ 在设计 2D 安装板之前，需要先在页导航器的"液压站控制系统"目录下添加布局图的高层代号"EA3"（2D 安装板），如图 5-25 所示。

❷ 选择菜单栏中的"页"→"新建"命令，或者选中"液压站控制系统"项目后，单击鼠标右键，在弹出的快捷菜单中选择"新建"命令，打开"页属性"对话框。在"页类型"下拉列表中选择"安装板布局（交互式）"选项；将"比例"改为 1:5（从而放下一定体积的箱柜），如图 5-26 所示。

图 5-25　添加布局图的高层代号　　　　图 5-26　"页属性"对话框

5.3.2 插入 2D 安装板

插入 2D 安装板的方法有如下三种：

- 第一种方法：选择菜单栏中的"插入"→"盒子/连接点/安装板"→"安装板"命令，使安装板符号系附在指针上，单击左键确定安装板起点，移动鼠标，再次单击左键时可确定安装板终点。
- 第二种方法：选择菜单栏中的"插入"→"设备"命令，在弹出的部件管理列表中选择"部件"→"机械"→"零部件"→"机柜"→"MP AE 1031.500（安装板）"选项，如图 5-27 所示。弹出"请确认"对话框，如图 5-28 所示。单击"是"按钮，安装板即可系附在指针上，单击左键可插入安装板。

图 5-27　选择安装板

图 5-28　"请确认"对话框

- 第三种方法：选择菜单栏中的"工具"→"部件"→"部件主数据导航器"命令，如图 5-29 所示，打开如图 5-27 所示的部件管理列表，之后执行与第二种方法相同的步骤即可插入安装板。

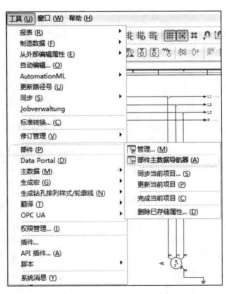

图 5-29　选择 "工具"→"部件"→"部件主数据导航器"命令

插入安装板后，打开"属性（元件）：安装板"对话框，在"安装板"选项卡中的"显示设备标识符"文本框中输入"-M1"；在"长方形"选项卡中的"宽度"文本框中输入"800.00mm"，在"高度"文本框中输入"1200.00mm"，即可完成安装板的设置，如图 5-30 所示。

（a）"安装板"选项卡

（b）"长方形"选项卡

图 5-30　"属性（元件）：安装板"对话框

5.3.3　设计 2D 安装板

安装板上的线槽、导轨和设备不是随意摆放的，而是需要准确放置的。在安装板的设计过程中，辅助线越多，产生的交叉点就越多，越容易捕捉。在设计 2D 安装板的过程中，可能会执行对象捕捉动作、设计模式动作、移动基点动作、相对坐标动作等。

- 选择菜单栏中的"选项"→"对象捕捉"命令，即可激活对象捕捉动作。例如，图形元素点（起点、中点和终点）通过空心正方形小点来显示，如图 5-31 所示，在激活对象捕捉动作后，这些空心正方形小点成为捕捉点，显示为红色的空心正方形，如图 5-32 所示。

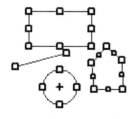

图 5-31　空心正方形小点

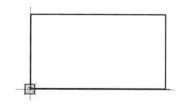

图 5-32　捕捉点显示为红色的空心正方形

- 选择菜单栏中的"选项"→"设计模式"命令，激活设计模式动作，复制、粘贴对象后，系统会显示红色的空心正方形，如图 5-33 所示，并询问选择哪个捕捉点作为粘贴后的插入点，此时可选择对象中的任意插入点（这种复制、粘贴方式有助于导轨和线槽的设计）。

- 移动基点用于定义新坐标系的原点，选择菜单栏中的"选项"→"移动基点"命令或按下快捷键"O"可激活此动作。例如，之前的坐标系以图框的左下角为原点，按下

快捷键 "O" 后，坐标系符号会系附在指针上，单击如图 5-34 所示的长方形左下角顶点，即可将其确定为新坐标系的原点。

- 相对坐标是相对于光标的坐标参考，选择菜单栏中的 "选项" → "输入相对坐标" 命令或快捷键 "Shift+R" 可激活此动作。例如，若想绘制一条长度为 200mm 直线，则可先确定起点，之后按下组合键 "Shift+R"，弹出如图 5-35 所示的 "输入相对坐标" 对话框，在 "角度" 文本框中输入 "0.00°"，在 "长度" 文本框中输入 "200.00mm"（相对于起点的长度），单击 "确定" 按钮即可完成绘制。

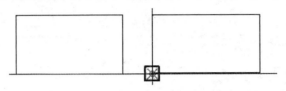

图 5-33 复制、粘贴对象

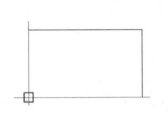

图 5-34 左下角顶点为新坐标系的原点

图 5-35 "输入相对坐标" 对话框

5.3.4 放置部件

1. 将部件放置在 2D 安装板上

❶ 打开 "液压站控制系统" 项目，选择菜单栏中的 "项目数据" → "设备/部件" → "2D 安装板布局导航器" 命令，在打开的 "2D 安装板布局-液压站控制系统" 对话框中可显示所有具有部件编号的设备，如图 5-36 所示。

❷ 右键单击 2D 安装板布局，即 "=EA3+-M1" 选项，在弹出的快捷菜单中选择 "设置" 命令，如图 5-37 所示。弹出 "设置: 2D 安装板布局" 对话框，用于设置部件放置方向和接收数据来源。在 "接收" 选项组中有 5 个单选按钮，选中 "部件主数据的宏和尺寸" 单选按钮，如图 5-38 所示。

- 部件主数据的尺寸: 部件尺寸来自部件主数据。
- 部件主数据的宏和尺寸: 从部件主数据中导入宏和部件尺寸。
- 部件主数据的宏: 部件尺寸来自部件设置的宏。
- 手动输入: 手动输入尺寸。
- 手动输入, 部件主数据中的宏: 手动输入尺寸, 部件尺寸来自主数据。

❸ 单击 "确定" 按钮，返回 "2D 安装板布局-液压站控制系统" 对话框。选中预放置的设备 KM1 接触器，单击左键，使 KM1 接触器图标系附在光标上，拖动光标使得 KM1 接触器进入 2D 安装板，选择合适的放置点后，单击左键即可将 KM1 接触器放置在 2D 安装板上，

如图 5-39 所示。

图 5-36　"2D 安装板布局-液压站控制系统"对话框

图 5-37　进入安装板布局设置

图 5-38　安装板布局设置

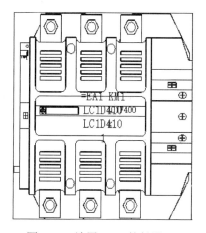

图 5-39　放置 KM1 接触器

❹ 打开部件管理器，选择菜单栏中的"工具"→"部件"→"管理"命令，进入"部件管理-ESS_part001.mdb"对话框。选中 KM1 接触器，打开"安装数据"选项卡，在"安装间隙（宽度方向）"文本框输入"5.00mm"，如图 5-40 所示。设置完成后，即可按照此安装间隙要求在安装板中放置 KM1 接触器。

	左: (L)	右: (R)
安装间隙(宽度方向):	5.00 mm	5.00 mm
	上: (O)	下: (W)
安装间隙(高度方向):	0.00 mm	0.00 mm
	前: (F)	后: (E)
安装间隙(深度方向):	0.00 mm	0.00 mm

图 5-40　安装间隙要求

　　注意：在安装板上放置部件时要注意锁定区域，即在该区域内不能放置部件。锁定区域是独立对象，一般被绘制为长方形，具体操作：❶ 选择菜单栏中的"项目数据"→"设备/部件"→"2D 安装板布局导航器"命令（也可按下组合键"Ctrl+Shift+M"，或者选择菜单栏中的"插入"→"盒子/连接点/安装版"→"锁定区域"命令），进入"2D 安装板布局"对话框；❷ 右键单击任一部件，在弹出的快捷菜单中选择"锁定区域"命令，在 2D 安装板上即可绘制一个锁定区域（该区域将禁止放置任何设备）。这种方法常用于划分强电设备和弱电设备，即人为限制设备应该放置的区域，若想将设备放置在锁定区域内，则系统会给出无法执行的提示。

　　除以上方法外，EPLAN 还支持不同的工程设计方法：在 2D 安装板上先放置设备，然后将该设备放置在图纸上，以部件编号为"NSD 250"的断路器为例，操作步骤如下。

　　❶ 在"2D 安装板布局"对话框中，单击鼠标右键，在弹出的快捷菜单中选择"新设备"命令，弹出"部件选择-f16a1.mdb"对话框。选中左侧部件编号为"NSD 250"的断路器，如图 5-41 所示。单击"确定"按钮，断路器将系附在光标上，移动光标将其放置在 2D 安装板上。

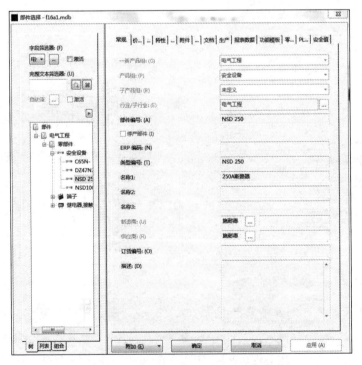

图 5-41　"部件选择-f16a1.mdb"对话框

❷ 返回"2D 安装板布局"对话框，此时 Q1（断路器）图标前显示红色圆点，如图 5-42 所示。这是因为断路器仅放置在 2D 安装板上，未绘制在电气原理图中，可从"设备-液压站控制系统"对话框中将 Q1 的常闭触点和辅助触点拖放到电气原理图中。按照以上方法，依次将液压站控制系统中的其他电气元器件放置在 2D 安装板上，效果如图 5-43 所示。

图 5-42　Q1 图标前显示红色圆点

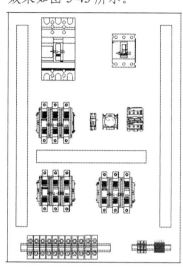

图 5-43　放置效果

2. 将部件放置在安装导轨上

安装导轨是工业电气元器件的一种安装方式，支持此标准的电气元器件在安装时可方便地卡在安装导轨上，无需螺丝固定，维护便捷。目前，常用的安装导轨宽度为 35mm，很多电气设备都采用了此标准，如 PLC、接触器、断路器、继电器等，可以通过直线、折线、封闭折线、长方形等绘制安装导轨（但不能通过圆和椭圆绘制）。

下面以将时间继电器放置在安装导轨上为例，介绍具体操作。

❶ 打开"液压站控制系统"项目，选择菜单栏中的"项目数据"→"设备/部件"→"2D 安装板布局导航器"命令，打开"2D 安装板布局-液压站控制系统"对话框。

❷ 右键单击要放置的设备：时间继电器，在弹出的快捷菜单中选择"放到安装导轨上"命令，如图 5-44 所示。依次单击安装导轨封闭线的上边缘和下边缘，即可将时间继电器居中放置在安装导轨上，如图 5-45 所示。

图 5-44　快捷菜单

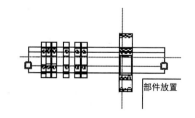

图 5-45　时间继电器居中放置在安装导轨上

5.3.5 标注尺寸

为了便于电气工程师设计安装板，EPLAN 提供了尺寸标注功能。

❶ 选择菜单栏中的"插入"→"尺寸标注"→"线性尺寸标注"命令，即可调用尺寸标注功能。除线性尺寸标注外，还可选择对齐尺寸标注、连续尺寸标注、增量尺寸标注、基线尺寸标注、角度尺寸标注、半径尺寸标注，如图 5-46 所示。

图 5-46　选择"线性尺寸标注"命令

❷ 将 2D 安装板上的电气元器件按照实际位置进行尺寸标注后，即可得到液压站控制系统中电气元器件的实际布局图，如图 5-47 所示。

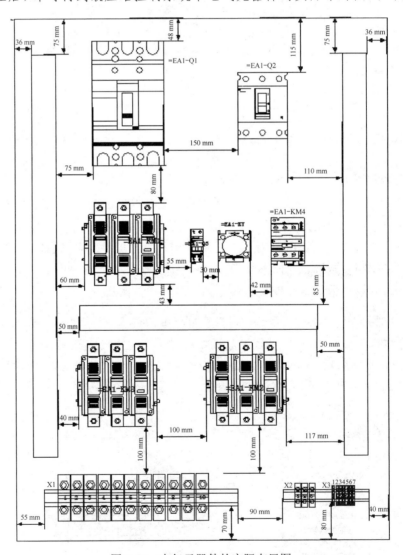

图 5-47　电气元器件的实际布局图

5.4　报表设计

5.4.1　报表分类

报表是将项目数据以图形或表格的形式输出时生成的项目图纸页。报表是一种文件,用于将项目数据导出到外部,供第三方使用。例如,材料清单是项目采购的依据;端子图表和接线图表是现场施工接线的依据。

- 从生产的角度看,报表分为两类:一类是以整张图纸页的幅面显示的报表,类似于电气原理图中的一张图纸;另一类用于嵌入某一类图纸的页面中,即嵌入式报表。例如,在描述电机的电气原理图中,端子和电机相连,此时需要在电机旁放置一个端子图表,用于显示端子接线的具体情况。
- 从实际工程角度看,EPLAN 提供 41 种报表:部件列表(*.f01)、部件汇总表(*.f02)、设备列表(*.f03)、表格文档(*.f04)、设备连接图表(*.f05)、目录表(*.f06)、电缆连接图表(*.f07)、电缆布线图表(*.f08)、电缆图表(*.f09)、电缆总表(*.f10)、端子连接图表(*.f11)、端子排列表(*.f12)、端子图表(*.f13)、端子排总览(*.f14)、图框文档(*.f15)、电位总览(*.f16)、修订总览(*.f17)、箱柜设备清单(*.f18)、PLC 图表(*.f19)、PLC 卡总览(*.f20)、插头连接图(*.f21)、插头图表(*.f22)、插头总览(*.f23)、结构标识符总览(*.f24)、符号总览(*.f25)、标题页/封页(*.f26)、连接列表(*.f27)、图形(*.f28)、项目选项总览(*.f29)、占位符对象总览(*.f30)、制造商/供应商列表(*.f31)、装箱清单(*.f32)、PCT 回路列表(*.f33)、拓扑:布线路径列表(*.f34)、拓扑:布线路径图(*.f35)、拓扑:已布线的电缆/连接(*.f36)、过程总览(*.f37)、预规划:结构段总览(*.f38)、预规划:结构段图表(*.f39)、预规划:规划对象总览(*.f40)、预规划:规划对象图表(*.f41)。

5.4.2　报表设置

为了更好地生成报表,需要设置相关内容以适应个体需要。这些设置都与报表相关,影响项目数据的输出。

1. 设置:输出为页

❶ 选择菜单栏中的"工具"→"报表"→"生成"命令,打开"报表-液压站控制系统"对话框,如图 5-48 所示。

❷ 在"设置"下拉列表中选择"输出为页"选项,在弹出的"设置:输出为页"对话框中选择报表类型,并设置报表的其他相关内容,如图 5-49 所示。

- 报表类型:系统默认提供所有报表类型(41 种报表)。根据项目的具体要求,选择想要生成的报表类型。并不是每个项目都需要生成全部类型的报表。
- 表格:确定表格模板。在下拉列表中选择"查找"选项,打开"选择表格"对话框,即可从目录中选择想要的模板。

- 页排序：若选择"总计"，则生成的报表保存在所选的标识符下；若选择"安装位置"，则生成的报表保存在设置的安装位置下。
- 部分输出：根据"页排序"的设置，为每个高层代号生成一个同类的部分报表。例如，若在整个项目中已生成一个项目的封页，则可再为每个高层代号生成一个封页，或者为部分报表选择与主报表不同的表格模板。
- 合并：使分散在不同页上的表格合并在一起。例如，在生成电缆图表时，每根电缆图表合并在一页上，从而在合并打印时节省纸张（第一页没有空间后，会自动转入第二页）。

图 5-48 "报表-液压站控制系统"对话框

图 5-49 "设置：输出为页"对话框

2. 设置：显示/输出

❶ 选择菜单栏中的"工具"→"报表"→"生成"命令，打开"报表-液压站控制系统"对话框。

❷ 在"设置"下拉列表中选择"显示/输出"选项，打开"设置：显示/输出"对话框，如图 5-50 所示。

图 5-50 "设置：显示/输出"对话框

- 替换相同的功能文本为：若不希望重复显示相同的文本，则用"="号代替相同的文本。例如，在端子图表中生成了 10 个端子，每个端子的功能文本都相同，此时可只显示第 1 个端子的功能文本，第 2～10 个端子的功能文本用"="号代替。
- 可变数值替换为：此设置仅在部件汇总表中有效，用于替换项目中的占位符文本。注：在将表格属性中的"用文本替换变量值<13108"激活后，才能正确使用此功能。
- 输出组的起始页偏移量、将输出组填入设备标识块：这两个设置应与属性（元件）中的"输出组<20033>"联合使用，用于为生成的报表添加报表变量。
- 按主标识符合并报表：若勾选此复选框，则主标识符变化后，在生成报表数据的最后一个标识符后不产生分页符，直接输出下一个数据；若未勾选此复选框，则主标识符变化后，在生成报表数据的最后一个标识符后产生分页符。
- 电缆、端子/插头：在处理最小数量的记录数据时，允许指定项目数据输出。例如，在限制电缆芯线数为 5 后，所有小于 5 的电缆芯线数将不会在报表中生成。默认情况下不设置此选项。

- 电缆表格中读数的符号：在端子图表中，若要正确显示电缆的芯线颜色，则可用一个指定的符号替代芯线颜色，如用 X 表示。

3. 设置：部件

❶ 选择菜单栏中的"工具"→"报表"→"生成"命令，打开"报表-液压站控制系统"对话框。

❷ 在"设置"下拉列表中选择"部件"选项，打开"设置：部件"对话框，如图 5-51 所示。

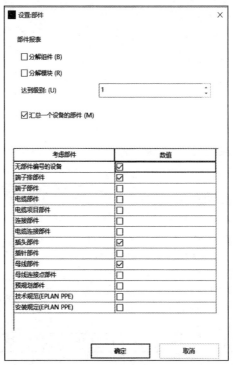

图 5-51 "设置：部件"对话框

- 分解组件/分解模块：通过"达到级别"文本框中的设置，可定义生成报表时系统分解组件和模块的级别。
- 汇总一个设备的部件：用于将多个部件合并为一个编号显示。例如，在部件列表中含有多个端子的编号，可合并为一个编号显示。

5.4.3 报表生成

1. 生成端子图表

❶ 选择菜单栏中的"工具"→"报表"→"生成"命令，打开"报表-液压站控制系统"对话框。

❷ 单击 "新建" 按钮, 弹出 "确定报表" 对话框, 如图 5-52 所示。

图 5-52　"确定报表" 对话框

❸ 在 "输出形式" 下拉列表中选择 "手动放置" 选项, 在 "选择报表类型" 列表框中选择 "端子图表" 选项, 勾选 "手动选择" 复选框, 单击 "确定" 按钮, 弹出 "手动选择" 对话框, 如图 5-53 所示。

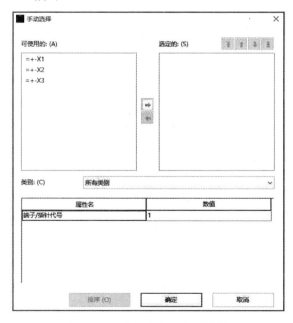

图 5-53　"手动选择" 对话框

❹ 在 "可使用的" 列表框中, 选中 "=+-X1" 选项和 "=+-X2" 选项, 单击 按钮, 将两个选项移入右侧的 "选定的" 列表框。单击 "确定" 按钮, 即可在当前页出现 X1 和 X2 端子图表, 如图 5-54 所示。

端子图表　　　　　　　　　　　　　　　　　　　　　　　表格名称：T72.a1

端子排：-X1					功能：			
外部目标	线号	端子号	外部跳线	鞍型跳线	内部跳线		内部目标	端子位置
-Q1:1	L1	1					-Q2:1	/1.3:B
-Q1:3	L2	2					-Q2:3	/1.3:B
-Q1:5	L3	3					-Q2:5	/1.3:B
-M1:U1	01034	6					-KM1:2	/1.3:D
							-KM3:1	
-M1:V1	01035	7					-KM1:4	/1.3:D
							-KM3:3	
-M1:W1	01036	8					-KM1:6	/1.3:D
							-KM3:5	
-KM2:1		9					-M1:W2	/1.3:E
-KM2:3		10					-M1:V2	/1.3:E
-KM2:5		11					-M1:U2	/1.3:E

端子排：-X2					功能：			
外部目标	线号	端子号	外部跳线	鞍型跳线	内部跳线		内部目标	端子位置
-M2:U	01054	1					-KM4:2	/1.5:C
-M2:V	01055	2					-KM4:4	/1.5:C
-M2:W	01056	3					-KM4:6	/1.6:C

图 5-54　X1、X2 端子图表

2. 更改端子图表模板

❶ 选择菜单栏中的"工具"→"报表"→"生成"命令，打开"报表-液压站控制系统"对话框。在"设置"下拉列表中选择"输出为页"选项，在弹出的"设置：输出为页"对话框左侧，如图 5-55 所示，选择"项目"→"液压站控制系统"→"报表"→"输出为页"选项，在右侧的第 11 行"端子图表"中，双击 ▼ 按钮进入"选择表格"对话框。

图 5-55　"设置：输出为页"对话框

❷ 在"选择表格"对话框中，选中"T90a m.f13"端子图表，单击"打开"按钮，如图 5-56 所示，返回"设置：输出为页"对话框。此时在对话框右侧的第 11 行"端子图表"中，端子图表模板由原来的"T72 a1"更改为"T90a m"，如图 5-57 所示。

图 5-56　"选择表格"对话框

图 5-57　更改为"T90a m"

❸ 单击"确定"按钮，关闭"设置：输出为页"对话框。选择菜单栏中的"工具"→"报表"→"更新"命令，如图 5-58 所示，端子图表将按"T90a m.f13"的模板更新，如图 5-59 所示。

图 5-58 选择"工具"→"报表"→"更新"命令　　　　图 5-59 更新后的端子图表

❹ 根据上面的步骤生成电缆连接图表，如图 5-60 所示。

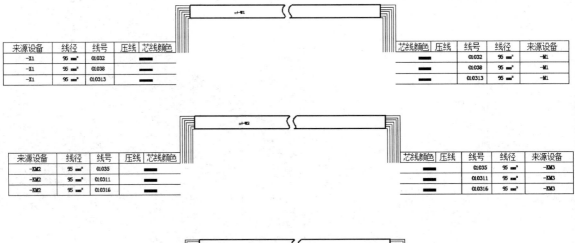

图 5-60 电缆连接图表

3. 设备接线图

设备接线图以某个设备为主体，显示该设备上的所有连接信息。在电气原理图中放置设备接线图时，可手动选择要显示的接线图设备，并将其放置在相应的图纸上。

下面以在液压站控制系统中生成 Q1 断路器的设备接线图为例，介绍具体的操作步骤。

❶ 新建一页，选择菜单栏中的"工具"→"报表"→"生产"命令，打开"报表-液压站控制系统"对话框。单击"新建"按钮，打开"确定报表"对话框。在"输出形式"下拉列表中选择"手动放置"选项，勾选"手动选择"复选框，单击"确定"按钮，弹出"手动选择"对话框。

❷ 在"可使用的"列表框中，选中"=+- Q1"选项（Q1 断路器），单击 按钮，将该选项移入右侧的"选定的"列表框，如图 5-61 所示。

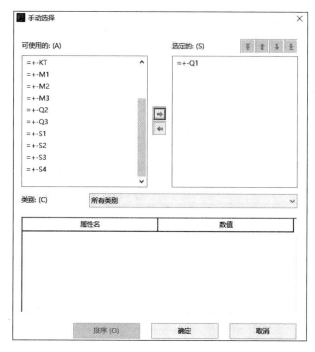

图 5-61 "手动选择"对话框

❸ 单击"确定"按钮，即可在当前页出现 Q1 断路器的设备接线图，如图 5-62 所示。

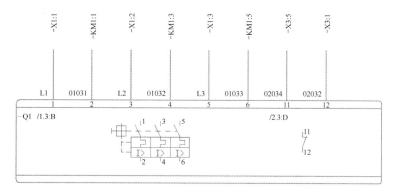

图 5-62 Q1 断路器的设备接线图

❹ 由于设备接线图的引脚都朝向一个方向，因此还需修改：打开"属性（元件）：常

规设置"对话框，在"符号数据/功能数据"选项卡中单击"逻辑"按钮，在弹出的"连接点逻辑"对话框中，修改功能连接点的"内部/外部"选项，即将功能连接点 1、3、5、11 改为"内部"，将功能连接点 2、4、6、12 改为"外部"，如图 5-63 所示。

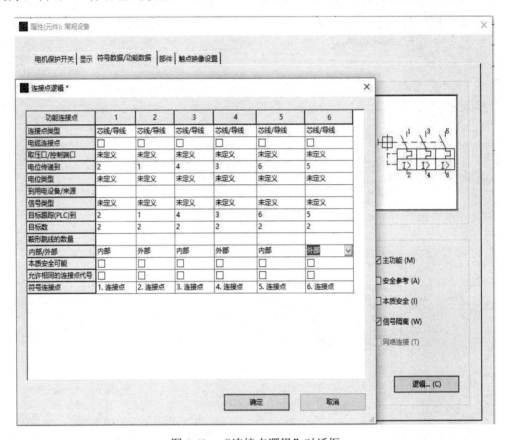

图 5-63　"连接点逻辑"对话框

❺ 修改完成后，单击"确定"按钮，选择菜单栏中的"工具"→"报表"→"更新"命令，即可更新设备接线图，如图 5-64 所示。

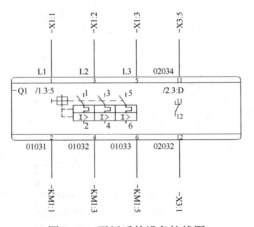

图 5-64　更新后的设备接线图

❻ 除可手动放置设备接线图外，还可在"输出形式"下拉列表中选择"页"选项，勾选"手动选择"复选框，单击"确定"按钮即可批量生成设备接线图。批量生成的接触器设备接线图如图 5-65 所示。液压站控制系统的部件汇总表如图 5-66 所示。

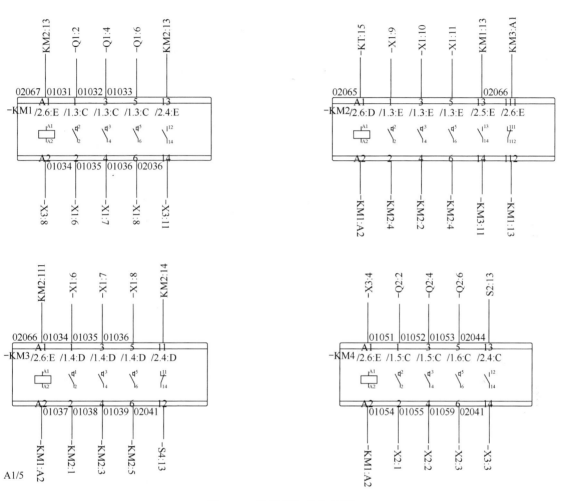

图 5-65　接触器设备接线图

部件汇总表

订货编号	数量	名称	类型号	供应商
031662	3	交流接触器	LC1D205	施耐德
	1	交流接触器	LC1D4011	施耐德
	1	时间继电器	SJ1	施耐德
031772	2	断路器	NSX250	施耐德
	2	断路器	NSX100	施耐德
031880	1	小型断路器	S-C65N2P	施耐德
031552	2	常闭按钮	S-ZB4BB	施耐德
031550	2	常开按钮	S-ZB4BA	施耐德

图 5-66　部件汇总表

5.5 宏应用

5.5.1 宏的分类

宏是反复使用的电路或经典电路方案，是模块化设计的基础数据。在电气设计过程中，可将经常使用的电路保存为宏，以便在下次使用时直接插入宏文件，提高设计效率。宏是 EPLAN 最具魅力的功能之一，对宏的正确使用是实现电气图纸设计自动化的关键。

在一些情况下，使用宏可提高工作质量和效率，例如：

- 反复使用电气原理图的某些部分。
- 为某部分图纸设定多种可能的回路，如电机的正转回路、正/反转回路、星-三角回路。
- 分配数据和部件型号，如根据控制电机的功率，分配电机保护开关、接触器、端子电缆的规格和型号。

EPLAN 提供三种宏的应用：窗口宏、符号宏和页宏。

- 窗口宏：最小的标准电路，如简单电路、单线或多线设备，最大不超过一个页面，扩展名为 ".ema"。
- 符号宏：与窗口宏类似，只是扩展名为 ".ems"，与窗口宏在 EPLAN 中为同一命令，通常情况下，两者一起使用。
- 页宏：包含一页或一页以上的项目图纸，扩展名为 ".emp"，在导出某页或多页图纸时可使用页宏。

5.5.2 宏的创建

在电气设计过程中，经常会用到三相异步电机的"星-三角形主电路"。下面以将液压站控制系统的主电机电路创建为窗口宏为例介绍宏的创建步骤。

❶ 右键单击要创建宏的电路，在弹出的快捷菜单中选择"创建窗口宏"命令，如图 5-67 所示，弹出"另存为"对话框，并进行如下设置，如图 5-68 所示。

- 在"目录"文本框中输入"D:\LP\77\宏\"。
- 设置宏的"文件名"为"星-三角形主电路"。
- 在"表达类型"下拉列表中选择"多线"选项。
- 在"变量"下拉列表中选择"变量 A"选项。
- 在"附加"下拉列表中选择"定义基准点"选项。

❷ 此时在光标处将出现一个红色圆圈，将其放在宏的插入点即可创建窗口宏，如图 5-69 所示。之后再将其用到"星-三角形主电路"时，选择菜单栏中的"插入"→"窗口宏"命令，如图 5-70 所示，弹出"选择宏"对话框，选择需要插入的宏"星-三角形主电路.ema"，单击"打开"按钮，如图 5-71 所示，即可在电气原理图中的宏的基准点处插入多个宏，如图 5-72 所示。

注意：如果不定义基准点，则在插入宏时，光标与宏之间会有一定的距离，有时甚至超出图纸区，不利于将宏放置在合适的位置上。

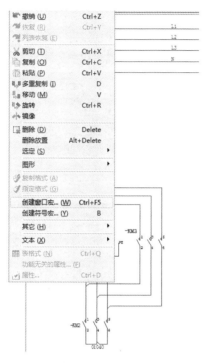

图 5-67　快捷菜单

图 5-68　"另存为"对话框

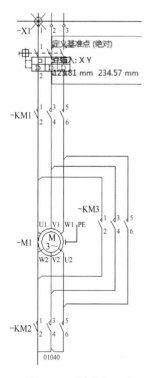

图 5-69　创建窗口宏

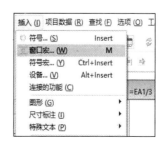

图 5-70　选择"插入"→"窗口宏"命令

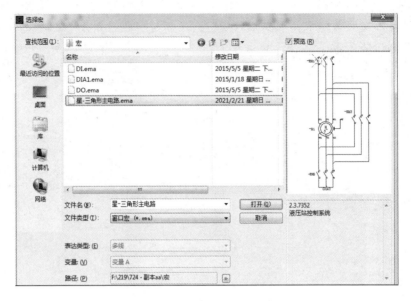

图 5-71　"选择宏"对话框

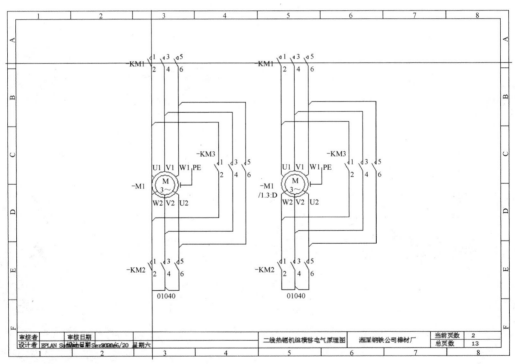

图 5-72　插入多个宏

5.6　项目导入/导出

5.6.1　打包和解包项目

项目打包是将项目压缩成一个节省存储空间的项目，一般用于项目的归档处理。项目解包是项目打包的逆操作，通过解包将项目解压到软件中。

1. 打包项目

❶ 在页导航器中选中要打包的项目，选择菜单栏中的"项目"→"打包"命令，如图 5-73 所示。在弹出的"打包项目"对话框中单击"是"按钮，即确认继续打包，如图 5-74 所示。在软件自动完成项目打包操作后（项目将从页导航器中消失），弹出"备份数据"对话框，单击"确定"按钮，如图 5-75 所示。

图 5-73 选择"项目"→"打包"命令　　　图 5-74 "打包项目"对话框

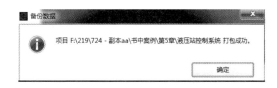

图 5-75 "备份数据"对话框

❷ 按照"备份数据"对话框中给出的项目目录打开"F:\219\724-副本 aa\书中案例\第 5 章\液压站控制系统"文件夹，可以看到系统自动生成"液压站控制系统.zw0"和"ProjectInfo"两个文件，如图 5-76 所示。

图 5-76 自动生成两个文件

2. 解包项目

❶ 选择菜单栏中的"项目"→"解包"命令，弹出"打开项目"对话框。选中要解包的项目（扩展名为".elp"），单击"打开"按钮，如图 5-77 所示。

❷ 项目解压后，页导航器中并未立刻显示该项目，而是将之前扩展名为".elp"的文件转换为".elk"格式的文件。选中该文件，选择菜单栏中的"项目"→"打开"命令，将其打开后即可在页导航器中显示该项目。

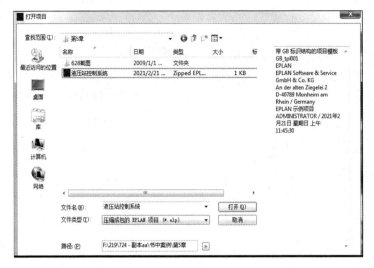

图 5-77 "打开项目"对话框

5.6.2 备份和恢复项目

1. 备份项目

❶ 选择菜单栏中的"项目"→"备份"→"项目"命令，如图 5-78 所示。

❷ 弹出"备份项目"对话框，在"方法"下拉列表中选择"另存为"选项，在"备份目录"文本框中选择备份路径，如图 5-79 所示。

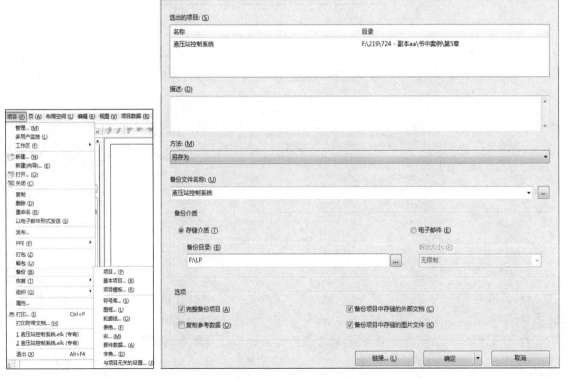

图 5-78 菜单栏　　　　　　　　　　　图 5-79 "备份项目"对话框

❸ 设置完成后，单击"确定"按钮，软件自动将项目备份至指定路径下。

2. 恢复项目

❶ 选择菜单栏中的"项目"→"恢复"→"项目"命令，如图 5-80 所示。在弹出的"恢复项目"对话框中，选择需要恢复的项目，完善"目标目录"和"项目名称"文本框中的内容，如图 5-81 所示。

图 5-80 选择"项目"→"恢复"→"项目"命令　　　图 5-81 "恢复项目"对话框

❷ 设置完成后，单击"确定"按钮，软件自动将项目恢复到目标目录下。此时将弹出"恢复"对话框，提示项目被成功恢复。单击"确定"按钮，如图 5-82 所示。

图 5-82 "恢复"对话框

5.6.3 导入和导出项目

1. 导出文件

❶ 选择菜单栏中的"项目"→"组织"→"导出"命令，如图 5-83 所示，在弹出的"浏览文件夹"对话框中选择项目导出的路径，如图 5-84 所示。

❷ 单击"确定"按钮后，在路径"F:\LP"文件夹中会生成一个"液压站控制系统.epj"文件。

图 5-83　项目导出命令

图 5-84　"浏览文件夹"对话框

2. 导入文件

❶ 选择菜单栏中的"项目"→"组织"→"导入"命令，弹出"XML 项目"对话框。在"XML 文件"文本框中选择要导入的"液压站控制系统.epj"文件，勾选"同步部件"复选框，在"目标项目"文本框中输入项目名称：液压站控制系统，如图 5-85 所示。

图 5-85　"XML 项目"对话框

❷ 单击"确定"按钮，即可将项目导入 EPLAN 软件中。与项目解包类似，导入后的项目并未显示在页导航器中，需要将其打开后才能在页导航器中显示。

5.6.4　导入和导出 DXF/DWG 文件

1. 导入 DXF/DWG 文件

在项目设计过程中，为了便于用户沟通，可将 DXF/DWG 文件导入软件中。

❶ 选择菜单栏中的"页"→"导入"→"DXF/DWG"命令，如图 5-86 所示，弹出"DXF-/DWG 文件选择"对话框，选择要导入的文件"收集区液压站电气原理图"，如图 5-87 所示。

❷ 单击"打开"按钮，弹出"DXF-/DWG 导入"对话框。在"配置"下拉列表中选择"默认"选项，如图 5-88 所示。

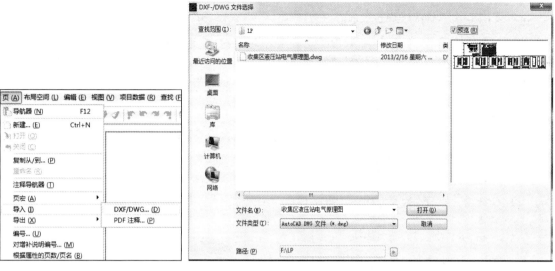

图 5-86 选择 "DXF/DWG" 命令　　　　　图 5-87 　"DXF-/DWG 文件选择"对话框

图 5-88 　"DXF-/DWG 导入"对话框

❸ 单击 "确定" 按钮，弹出 "指定页面" 对话框，设置导入文件的页结构和页名，如图 5-89 所示。

❹ 设置完成后，单击 "确定" 按钮，弹出 "导入格式化" 对话框。在 "水平的缩放比例" 文本框、"垂直的缩放比例" 文本框、"宽度" 文本框、"高度" 文本框中进行相关设置，如图 5-90 所示。

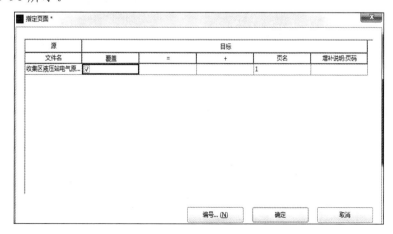

图 5-89 　"指定页面" 对话框

2. 导出 DXF/DWG 文件

❶ 选中需要导出的项目中的单页或多页图纸，选择菜单栏中的"页"→"导出"→"DXF/DWG"命令，如图 5-91 所示。

图 5-90　"导入格式化"对话框　　　图 5-91　选择"页"→"导出"→"DXF/DWG"命令

❷ 弹出"DXF-/DWG 导出"对话框，设置导出的"输出目录"和"文件名"，如果勾选"应用到整个项目"复选框，则导出整个项目的图纸；如果未勾选，则导出选中的图纸，如图 5-92 所示。

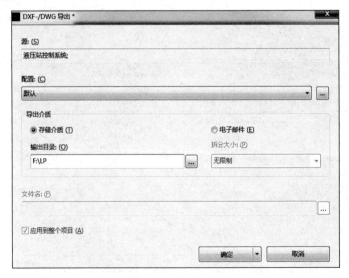

图 5-92　"DXF-/DWG 导出"对话框

5.6.5　导出 PDF 文件

通过 EPLAN 软件完成项目设计后，在将图纸传送给没有安装 EPLAN 软件的人员时，可将项目图纸导出为 PDF 格式，以便查看和修改，操作步骤如下。

❶ 打开"液压站控制系统"项目，选择菜单栏中的"页"→"导出"→"PDF"命令，如图 5-93 所示。

图 5-93　PDF 导出命令

❷ 在弹出的"PDF 导出"对话框中，可设置 PDF 文件的输出目录、输出文件颜色、打印边距等选项，如图 5-94 所示。

图 5-94　"PDF 导出"对话框

❸ 设置完成后，单击"确定"按钮，选中的图纸将以 PDF 格式导出到指定的文件夹

中。例如，液压站控制系统的 PDF 格式的主电路图如图 5-95 所示。

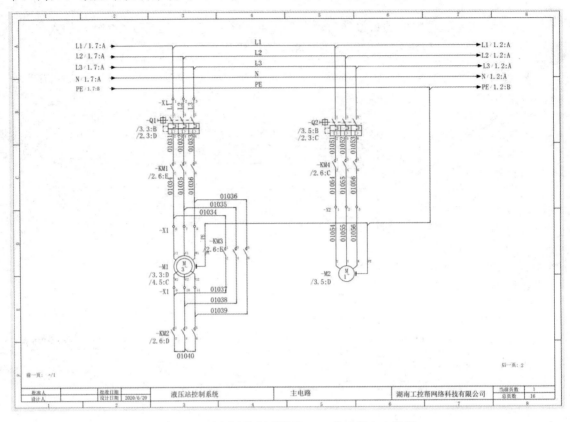

图 5-95 液压站控制系统的 PDF 格式的主电路图

5.7 思考题

1. 部件与部件数据库是什么关系？
2. 在项目中如何更新部件数据库？
3. 将设备放置在 2D 安装板上时，如何标注尺寸？
4. 如何更新报表？
5. 项目导入/导出和项目备份有何区别？

第 6 章

EPLAN Pro Panel 软件应用

本章主要介绍 EPLAN Pro Panel 软件的使用方法，以及安装过程中的注意事项；通过对箱柜的设置，介绍部件、组件、安装板、附件的安装方法；通过新建项目，介绍建立 EPLAN 3D 宏、导入 3D 模型、合并操作、设备逻辑定义、定义接线点和连接点方向、创建窗口宏等操作步骤。

6.1 软件介绍

EPLAN 是面向电气原理图的设计软件，而 EPLAN Pro Panel 则是用于面板制作和开关设备系统工程的 2D 和 3D 集成设计类应用，为电气制造行业提供了优秀的解决方案。EPLAN Pro Panel 的主界面如图 6-1 所示。

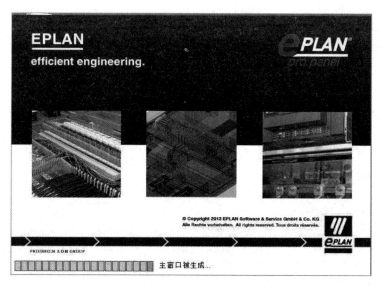

图 6-1　EPLAN Pro Panel 的主界面

例如，在传统的制造电控柜的过程中，电气工程师只提供电气原理图或简单的布局。电气技术工人则需要承担很多类似于电气元器件布局、导线颜色选择和线径选配等技术工作。这就对电气技术工人的水平提出了较高的要求。通过 EPLAN Pro Panel 软件设计的三维立体图纸包含全部制造信息，显著降低了对电气技术工人的要求，提高了效率，节约了开发时间，并为数字化制造提供数据基础。

6.2 软件安装

❶ 打开程序安装包，双击其中的 Setup 应用程序开始安装 EPLAN Pro Panel 软件，如图 6-2 所示。

图 6-2　打开程序安装包

❷ 进入程序安装界面。软件默认的可用程序为 Electric P8(Win)。需要说明的是，安装程序主要取决于安装包的产品类型及安装位数。如果当前安装包为 32 位，那么软件默认的可用程序为 Pro Panel(Win32)，如图 6-3 所示。

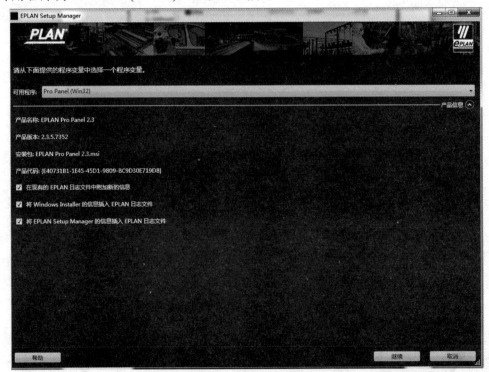

图 6-3　程序安装界面

❸ 单击"继续"按钮，进入如图 6-4 所示界面。勾选"我接受该许可证协议中的条款"复选框。

图 6-4 勾选"我接受该许可证协议中的条款"复选框

❹ 单击"继续"按钮，进入如图 6-5 所示的界面，选择需要的程序功能。

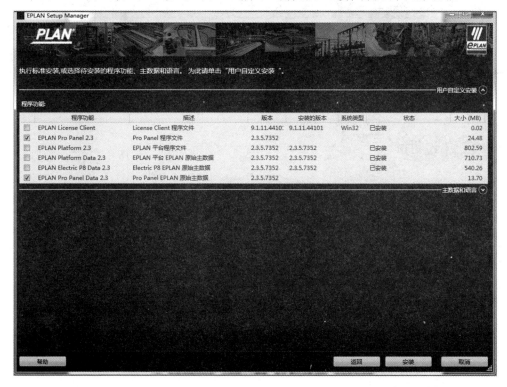

图 6-5 选择需要的程序功能

❺ 单击"安装"按钮，开始安装 EPLAN Pro Panel 软件。直至安装完成后，界面如图 6-6 所示。单击"完成"按钮，可结束安装。

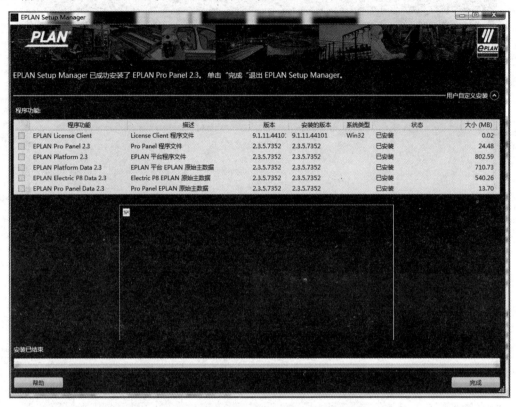

图 6-6　EPLAN Pro Panel 软件安装完成

注意：若要在同一电脑上共同使用 EPLAN Pro Panel 与 EPLAN 软件，则在安装 EPLAN Pro Panel 软件之前，需要先安装好 EPLAN 软件。

6.3　软件说明

EPLAN Pro Panel 软件的常用导航器有"页""布局空间"和"3D 安装布局"，如图 6-7 所示。

有时在调整导航器大小或调用不同导航器后，无法找到某些按钮或菜单，可选择菜单栏中的"视图"→"工作区域"命令，弹出"工作区域"对话框，如图 6-8 所示。在"配置"下拉列表中选择"Pro Panel"选项，单击"确定"按钮即可完成工作区域的恢复。恢复效果如图 6-9 所示。

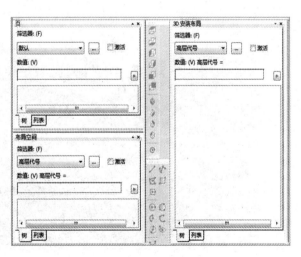

图 6-7　常用导航器

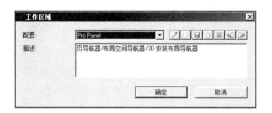

图6-8 "工作区域"对话框

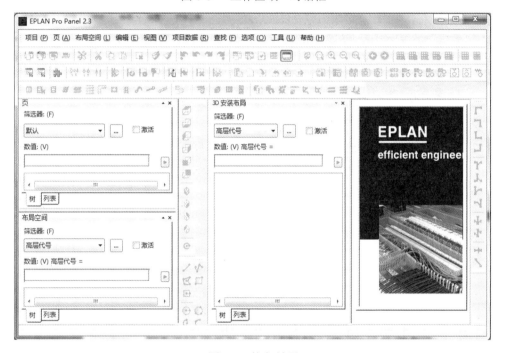

图6-9 恢复效果

注意：EPLAN Pro Panel软件的主数据默认存储在"C:\Users\Public\EPLAN\Data"中，中文版数据的存储路径为"C:\用户\公共\EPLAN\Data\项目\china"。

6.4 箱柜设置

6.4.1 部件和组件

部件是商业元素，包含商业数据和技术数据，是厂家生产的具体型号的元器件，可为部件增加电气功能。例如，在"布局空间"导航器中，空间1的"S1:箱柜"就是一个部件，如图6-10所示。

在电气工程中，组件是部件的一部分，与其无法拆分，如电机、端子、插头、电缆等。可为组件分配部件编号，并在安装板上以图形的形式显示组件，通过部件定义组件。例如，在"布局空间"导航器中，部件"S1:箱柜"的组件分别为"S1:机柜""S1:门""S1:安装板""S1:常规箱柜附件"。打开"3D安装布局"导航器，可查看完整的部件，如图6-11所示。

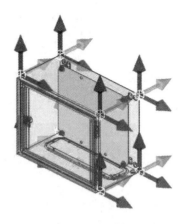

图 6-10　"布局空间"导航器　　　　　　　图 6-11　完整的部件

在"布局空间"导航器中，双击"S1:机柜"组件，可查看"S1:机柜"组件的布局空间，如图 6-12 所示。EPLAN Pro Panel 可在"布局空间"导航器中显示用户指定的部件和组件。若在组件符号前出现的橙黄色圆点，则表示该组件被隐藏。

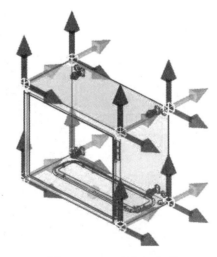

图 6-12　"S1:机柜"组件

6.4.2　安装板

安装板是将 3D 数据导入主体的安装面：单个平面可定义为单独的安装面；位于同一个二维平面中的多个平面，可合并为同一个安装面。

安装面为组件，可在上面放置其他元件的平面。在这些平面上可放置导轨、线槽和元件的基准点。另外，可在"布局空间"导航器中激活或删除安装面。

注意：安装面是需要定义的，一般定义在 3D 组件中的平面将作为放置其他部件的支撑面。安装面是一个连续的平面，或者为 2D 平面的不连续部分。安装面可被激活，在激活之后才能放置其他部件。在"布局空间"导航器中，安装面作为组件，其符号为■图标，若没有该图标，则不能被称为安装面。

安装面可被激活，激活安装面的操作：在"布局空间"导航器中选择需要激活的安装面，单击鼠标右键，在弹出的快捷菜单中选择"直接激活"命令，如图 6-13 所示。在激活安装面后，布局空间内出现独立的安装板正面视图，"亮绿色"表示该对象处于选中状态，可进行编辑操作，如图 6-14 所示。

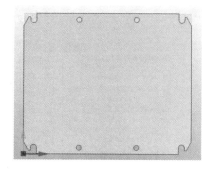

图 6-13　快捷菜单　　　　　　　　　　　　图 6-14　安装板正面视图

6.4.3　附件

附件安装是指在箱柜的安装板上放置线槽和导轨等，操作步骤如下。

❶ 在"布局空间"导航器中单独激活安装板正面，单击 EPLAN Pro Panel 工具栏上的"线槽"按钮，如图 6-15 所示。

图 6-15　工具栏上的"线槽"按钮

❷ 弹出线槽的"部件选择-ESS_part001.mdb"对话框，如图 6-16 所示。选中"KK6040（电缆通道 60×40）"选项，单击"确定"按钮关闭该对话框，返回"布局空间"导航器。此时光标显示"回"字形符号，如图 6-17 所示（外框为橘黄色，内框为红色），移动光标时线槽会跟着光标移动。

注意：通过调整视角可以看出，实际上"回"字形符号是一个红色立方体，被称为默认基准点，如图 6-18 所示。默认基准点用于放置 3D 宏。

❸ 在线槽的起点通过移动光标拉伸线槽，再次单击时即可完成线槽的放置，如图 6-19 所示。与放置线槽的方法类似，在 EPLAN Pro Panel 工具栏中单击"安装导轨"按钮，弹出导轨的"部件选择-ESS_part001.mdb"对话框，选择"TS EN 50 022(35*10)"选项，单击"确定"按钮关闭该对话框。其他步骤与放置线槽的操作类似。放置好线槽和导轨

的效果如图 6-20 所示。

图 6-16　"部件选择-ESS_part001.mdb"对话框

图 6-17　光标显示"回"字形符号

图 6-18　默认基准点

图 6-19　完成线槽的放置

图 6-20　放置好线槽和导轨

6.5　新建项目

1. 建立 EPLAN 3D 宏

❶ 打开 EPLAN Pro Panel 软件，新建一个项目，在弹出的"创建项目"对话框中输入项目名称和保存位置，如图 6-21 所示。单击"确定"按钮。

❷ 打开"项目属性：建立 EPLAN 3D 宏"对话框，在"项目类型"下拉列表中由"原理图项目"设置为"宏项目"，单击"确定"按钮，如图 6-22 所示。

图 6-21　"创建项目"对话框　　　　图 6-22　"项目属性：建立 EPLAN 3D 宏"对话框

2. 导入 3D 模型

❶ 选择菜单栏中的"布局空间"→"导航器"命令，打开"布局空间"导航器，如图 6-23 所示。

图 6-23　打开"布局空间"导航器

❷ 选择菜单栏中的"布局空间"→"导入（3D 图形）"命令，弹出"打开"对话框，选择需要导入的 3D 模型（这里选中"变频器 2815.STEP"），如图 6-24 所示。

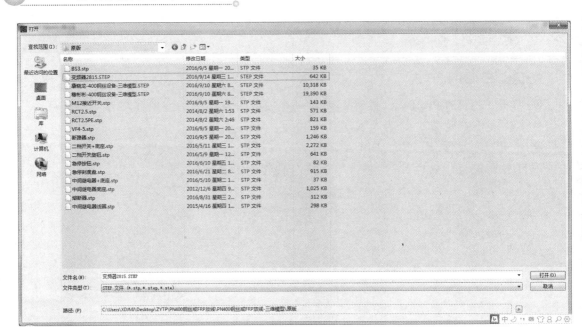

图 6-24　选择需要导入的 3D 模型

❸ 单击"打开"按钮，在"布局空间"导航器中将出现名为"1"的空间，同时图形界面显示"1"空间的 3D 模型，如图 6-25 所示。

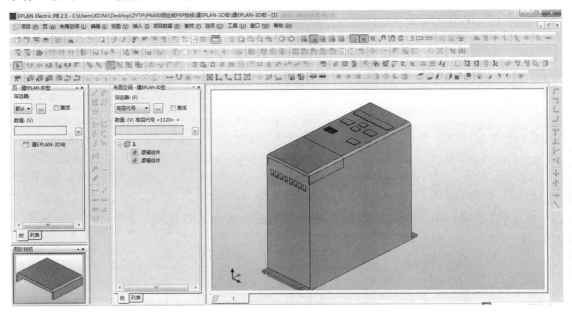

图 6-25　"1"空间的 3D 模型

3. 合并操作

❶ 从"布局空间"导航器可以看到，"1"空间的 3D 模型由两个逻辑组件组成。在图形界面选中该 3D 模型的所有逻辑组件，选择菜单栏中的"编辑"→"图形"→"合并"命令，合并选中的组件，如图 6-26 所示。

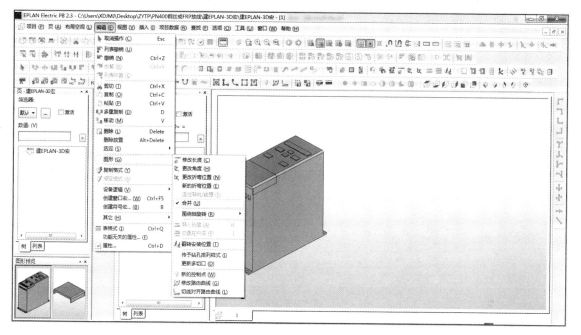

图 6-26 合并选中的组件

❷ 通过调整视角可观察合并组件在 3D 空间中的细节。此时在组件边角出现一个橙色的小立方体，即为基准点，如图 6-27 所示。组件合并后的效果如图 6-28 所示。

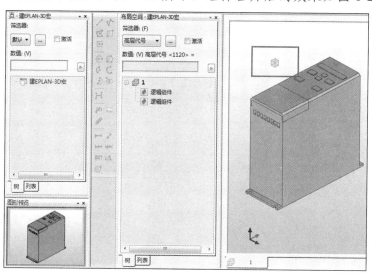

图 6-27 出现基准点

4. 设备逻辑定义

❶ 选择菜单栏中的"编辑"→"设备逻辑"→"放置区域"→"定义"命令，将"变频器 2815"的底面定义为放置区域（放置区域是与安装面或安装板接触的面），如图 6-29 所示。

❷ 通过工具栏中的"旋转视角"工具调整 3D 模型的视角，如图 6-30 所示。

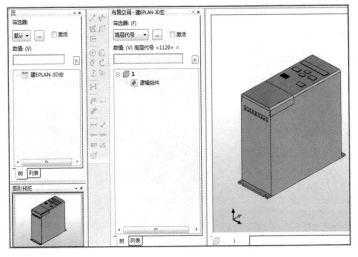

图 6-28　组件合并后的效果

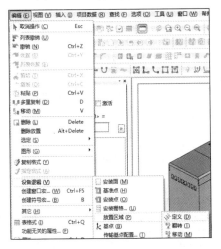

图 6-29　定义放置区域

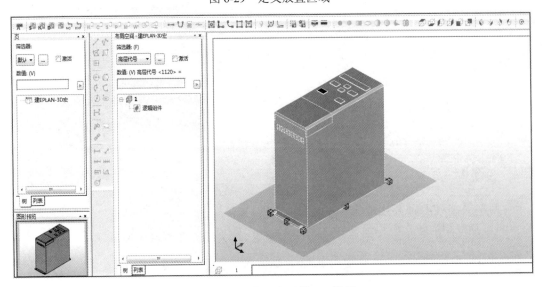

图 6-30　调整视角后的 3D 模型

❸ 双击 3D 模型，弹出"属性（元件）：部件放置"对话框，打开"格式"选项卡，修改透明度，如图 6-31 所示。修改透明度后的效果如图 6-32 所示。

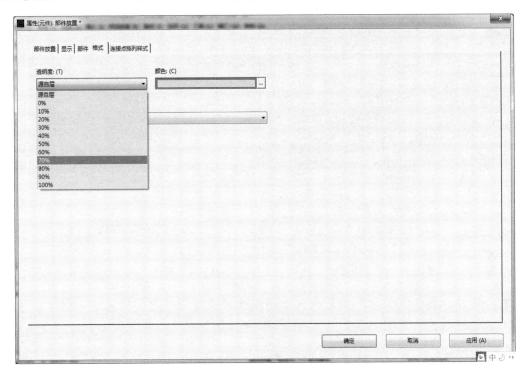

图 6-31　"格式"选项卡

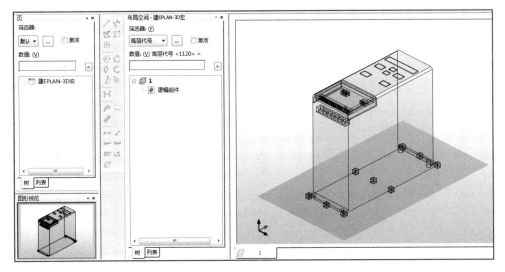

图 6-32　修改透明度后的效果

5. 定义接线点和连接点方向

❶ 选择菜单栏中的"编辑"→"设备逻辑"→"连接点排列样式"→"定义连接点"命令，如图 6-33 所示。还可在工具栏中激活"Pro Panel 设备逻辑"工具栏，如图 6-34 所示。

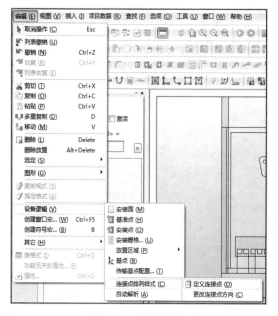

图 6-33　定义连接点

图 6-34　激活"Pro Panel 设备逻辑"工具栏

❷ 在激活"定义连接点"功能后，可为该连接点指定平面，用来定义连接点方向。

❸ 双击连接点，弹出"属性（元件）：部件放置"对话框，如图 6-35 所示。

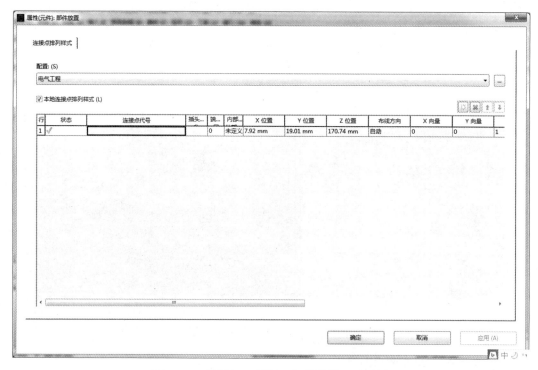

图 6-35　"属性（元件）：部件放置"对话框

❹ 在"属性（元件）：部件放置"对话框中进行选项设置。例如，设置连接点代号和连接点位置（X 位置、Y 位置、Z 位置）。设置完成后单击"确定"按钮。

注意：连接点位置是(X,Y,Z)的坐标，连接点方向是(X,Y,Z)的布线方向。一般情况下，在"Y向量"为0时，"布线方向"为"向上"；在"Y向量"为-1时，"布线方向"为"向下"，如图6-36所示。连接点代号必须与电气原理图的符号或符号宏中的连接点代号一致。

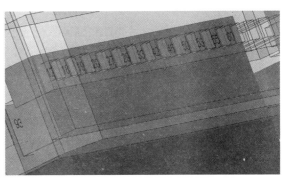

图6-36　"属性（元件）：部件放置"对话框

❺ 选择菜单栏中的"视图"→"连接点代号"命令，如图6-37所示。如果在3D模型中有被定义的连接点，则3D模型的透明模式被激活，被定义的连接点以红色立方体的形式显示，在每个连接点上都会显示连接点代号，如图6-38所示。

图6-37　"连接点代号"命令

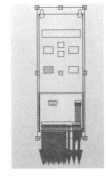

图6-38　显示连接点代号

❻ 继续选择菜单栏中的"视图"→"连接点方向"命令，定义3D模型的连接点方向，完成3D模型的编辑操作。

6. 创建窗口宏

❶ 选中编辑好的 3D 模型，选择菜单栏中的"编辑"→"创建窗口宏"命令，如图 6-39 所示。

❷ 弹出"另存为"对话框，在"目录：（D）"文本框中填写窗口宏的保存路径，在"文件名：（F）"文本框中输入窗口宏的名称，如图 6-40 所示。单击"确定"按钮，完成设置操作。

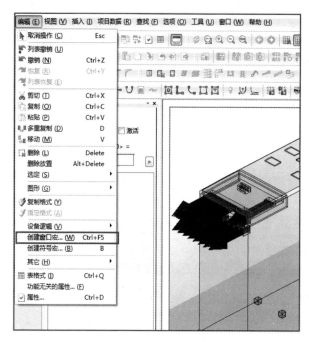

图 6-39　"创建窗口宏"命令　　　　　　　　图 6-40　"另存为"对话框

6.6　思考题

1．EPLAN Pro Panel 与 EPLAN 有什么区别呢？

2．在安装 EPLAN Pro Panel 软件前，能否不安装 EPLAN 软件？为什么？

3．什么是 EPLAN Pro Panel 的工作区域？

4．怎样定义连接点？

第 7 章

实例：自动推焦车控制设计

本章以"自动推焦车控制设计"项目为例，介绍新建项目、新建页、电路设计、建立三维空间等基础知识，并通过讲述 EPLAN 的 3D 布局转换为 2D 安装板布局的过程，使读者对 EPLAN Pro Panel 的使用有较为深入的认知。

7.1 项目概述

"自动推焦车控制设计"项目的示意图如图 7-1 所示（1TA 为装料处，2TA 为卸料处），运行过程如下。

❶ 推焦车在 1TA 装料处按下行程开关 SQ3，装料系统在推焦车中装料。3 分钟后推焦车装料完毕。

❷ 2 台 22kW 电机开始拖动推焦车向卸料处移动，推焦车抵达卸料处后按下行程开关 SQ2，2 台电机中的一台停止运行，由单台电机拖动推焦车慢速运行。在抵达行程开关 SQ4 处，推焦车停止运行。

❸ 推焦车在焦池中放料，放料 2 分钟后，2 台电机拖动推焦车朝装料处运行。当运行到行程开关 SQ1 处，2 台电机中的一台停止运行，由单台电机拖动推焦车慢速运行。到达行程开关 SQ3 处，推焦车停止运行，装料系统在推焦车中装料，3 分钟后推焦车装料完毕，由 2 台电机拖动推焦车向卸料处运行。

❹ 重复上述过程。

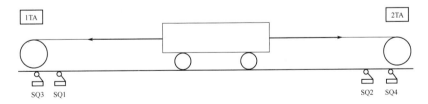

图 7-1　自动推焦车控制设计的示意图

注意：本项目采用西门子 S7-200 PLC 进行控制，PLC 的输出端通过 24V 的直流继电器来控制交流接触器。控制系统中应具有对推焦车的启动、停止、故障复位功能。

7.2 项目设计

7.2.1 新建项目

❶ 打开 EPLAN Pro Panel 软件，选择菜单栏中的"项目"→"新建"命令，弹出"创建项目"对话框。在"项目名称：（P）"文本框中输入"自动推焦车控制设计"，在"保存位置：（S）"文本框中输入文件保存位置"D:\LP"，在"模板：（T）"文本框中输入"GB_tpl001.ept"模板，单击"确定"按钮，如图7-2所示。

❷ 弹出"项目属性：自动推焦车控制设计"对话框，设置"项目类型"为"原理图项目"，如图7-3所示。单击"确定"按钮，完成项目新建。

图 7-2 "创建项目"对话框

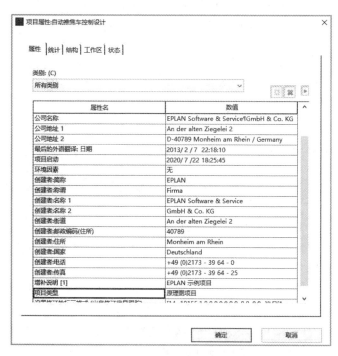

图 7-3 "项目属性：自动推焦车控制设计"对话框

7.2.2 新建页

❶ 在"布局空间"导航器中选中"自动推焦车控制设计"项目，单击鼠标右键，在弹出的快捷菜单中选择"新建"命令，弹出"页属性"对话框。

❷ 单击"完整页名"文本框后的按钮，弹出"完整页名"对话框。在"高层代号"文本框中输入"SCH"，在"位置代号"文本框中输入"PCH"，如图7-4所示。单击"确定"按钮，返回"页属性"对话框。

❸ 在"页类型"下拉列表中选择"多线原理图（交互式）"选项，在"页描述"文本框中输入"电源电路"，如图7-5所示。单击"确定"按钮，完成"电源电路"页的新建。

❹ 按照上述步骤依次新建"电机控制主回路""PLC 控制回路""继电器控制回路""启停控制回路"页。操作完成后"自动推焦车控制设计"项目的页结构如图7-6所示。

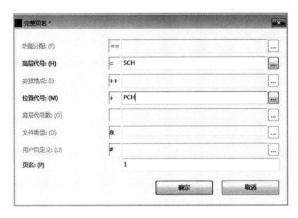

图 7-4　"完整页名"对话框

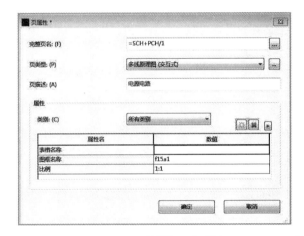

图 7-5　"页属性"对话框

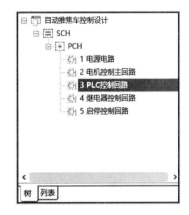

图 7-6　"自动推焦车控制设计"项目的页结构

7.2.3　电路设计

"自动推焦车控制设计"项目的电路设计图如图 7-7～图 7-11 所示。

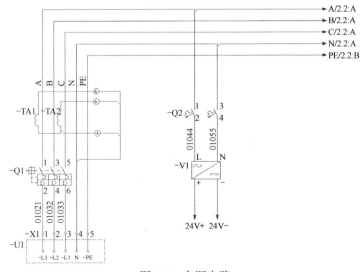

图 7-7　电源电路

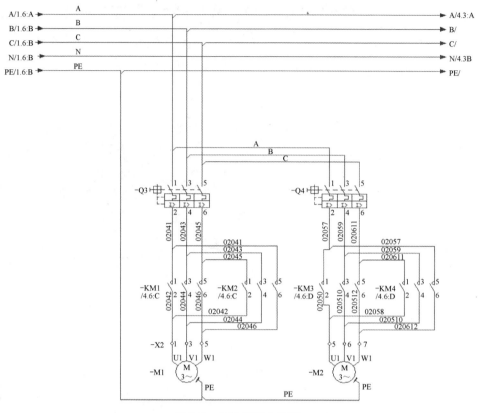

图 7-8　电机控制主回路

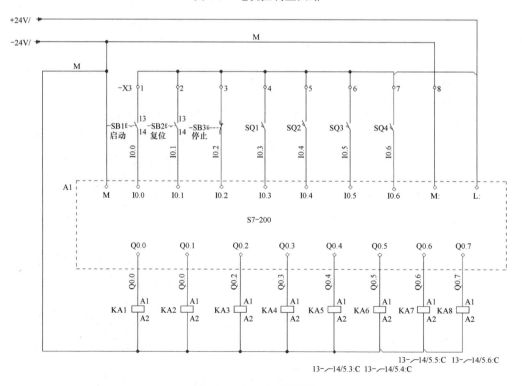

图 7-9　PLC 控制回路

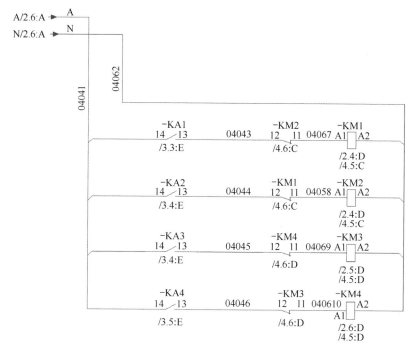

图 7-10　继电器控制回路

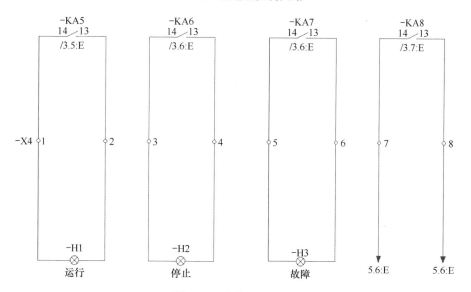

图 7-11　启停控制回路

7.3　绘制 3D 模型图

7.3.1　建立三维空间

❶ 右键单击"布局空间"导航器中的空白处，在弹出的快捷菜单中选择"新建"命令，如图 7-12 所示，弹出"属性（元件）：布局空间"对话框，在"名称：（N）"文本框中输入"1"，

单击"确定"按钮，如图 7-13 所示。

图 7-12 选择"新建"命令

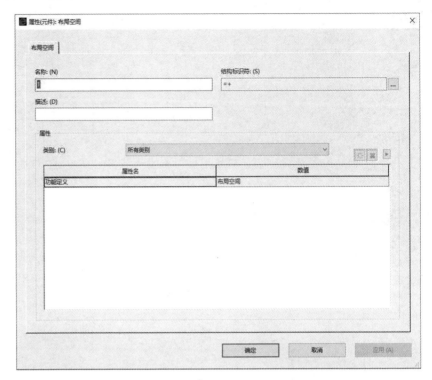

图 7-13 "属性（元件）：布局空间"对话框

❷ 此时，"布局空间"导航器内出现名为"1"的立方体，如图 7-14 所示。

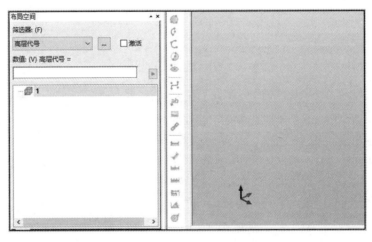

图 7-14 "布局空间"导航器

❸ 选择菜单栏中的"插入"→"箱柜"命令，打开"部件选择-ESS_part001.mdb"对话框，如图 7-15 所示。

❹ 在对话框左侧的选区中，选中"零部件"选项下的 TS 8886.500（电控箱），将其拖入三维空间界面，如图 7-16 所示。同时在"布局空间-自动推焦车控制设计"导航器中会显示"S1：箱柜"选项，如图 7-17 所示。

图 7-15　"部件选择-ESS_part001.mdb"对话框

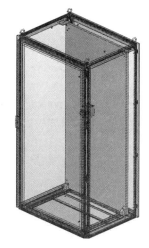

图 7-16　三维空间中的 TS 8886.500 电控箱

图 7-17　显示"S1：箱柜"选项

7.3.2　在电控柜的安装板中布局电气元器件

❶ 在"布局空间-自动推焦车控制设计"导航器中，选中"S1：安装板正面"选项，如图 7-18 所示。在三维空间界面中将会显示"S1：箱柜"的"安装板正面"，如图 7-19 所示。

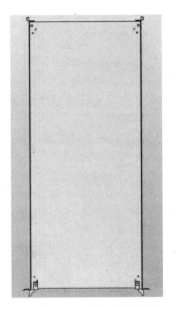

图 7-18　选中"S1：安装板正面"选项　　　　　　图 7-19　安装板正面

❷ 选择菜单栏中的"插入"→"安装导轨"命令，弹出"部件选择-ESS_part001.mdb"对话框，在左侧选择"TS 35_15(安装导轨 EN 50 022(35×15))"型号的安装导轨，如图 7-20 所示。

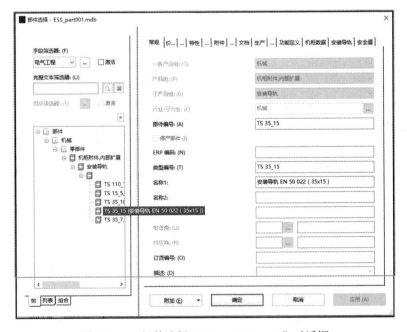

图 7-20　"部件选择-ESS_part001.mdb"对话框

❸ 将选中的安装导轨插入三维空间界面中的安装板上，如图 7-21 所示。选择菜单栏中的"项目数据"→"设备"→"导航器"命令，弹出"设备-自动推焦车控制设计"导航器，如图 7-22 所示。

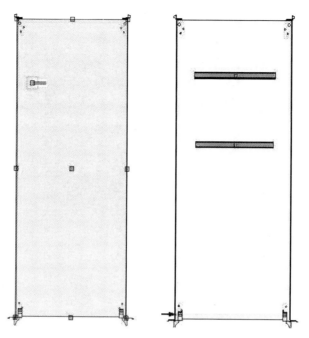

图 7-21　将安装导轨插入安装板

图 7-22　"设备 - 自动推焦车控制设计"导航器

❹ 在左侧选择"SCH"→"PCH"→"Q3"，将其插入安装板的导轨，如图 7-23 所示。
按照上述方法依次将电气元器件放置在安装板上，如图 7-24 所示。选择菜单栏中的"插入"→
"线槽"命令，弹出"部件选择-ESS_part001.mdb"对话框。选择"KK3060（电缆通道 30×60）"
型号的线槽，如图 7-25 所示。

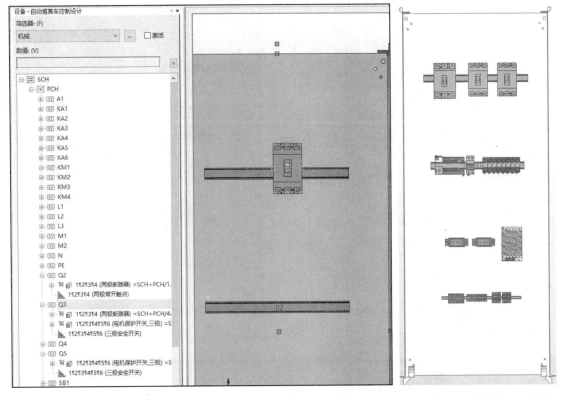

图 7-23　将 Q3 插入安装板的导轨　　　　　图 7-24　将电气元器件放置在安装板上

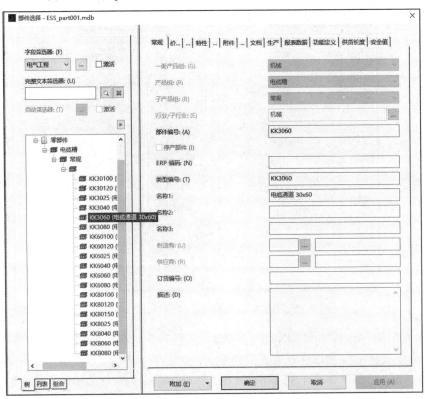

图 7-25　选择"KK3060（电缆通道 30×60）"型号的线槽

❺ 将选中的线槽插入三维空间界面的安装板，如图 7-26 所示。按照上述方法，根据安装板上电气元器件的走线要求依次放置各线槽，效果如图 7-27 所示。从不同的角度观察安装板，效果如图 7-28 所示。

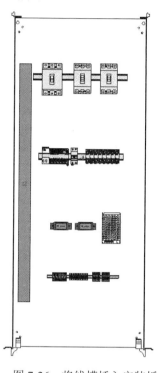

图 7-26　将线槽插入安装板

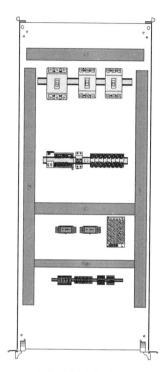

图 7-27　在安装板上依次放置各线槽

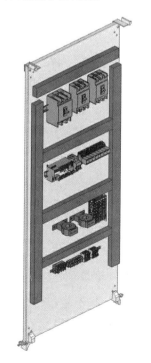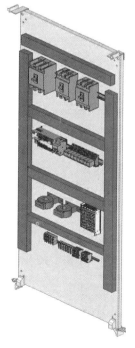

图 7-28　不同角度观察安装板的效果

7.3.3 在电控柜的外部门中布局电气元器件

❶ 在"布局空间"导航器中选中"S2:箱柜"→"S2:门"→"S2:外部门"选项，将其拖入三维空间界面，如图 7-29 所示。

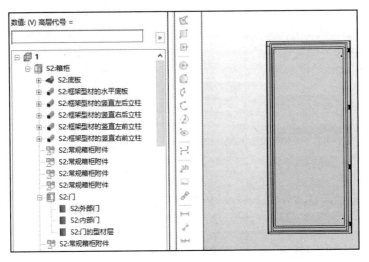

图 7-29 选中"S2:外部门"选项

❷ 在"布局空间"导航器的设备目录中选中"SB1"（按钮开关），将其拖至三维空间界面中箱柜的外部门，即"S2:外部门"，如图 7-30 所示。

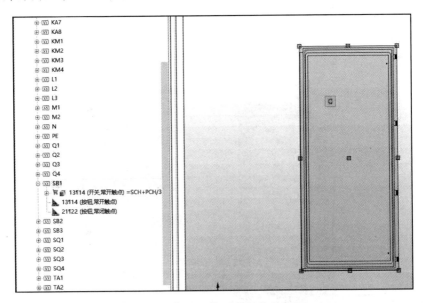

图 7-30 将 SB1 拖至箱柜的外部门

❸ 按照上述方法，将按钮开关、指示灯、电流表拖至箱柜的外部门上。操作完成后，箱柜外部门的正面图如图 7-31 所示。不同角度的箱柜外部门 3D 模型图，如图 7-32 所示。整个箱柜的 3D 模型图如图 7-33 所示。

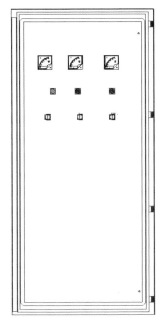

图 7-31　箱柜外部门的正面图

图 7-32　不同角度的箱柜外部门 3D 模型图

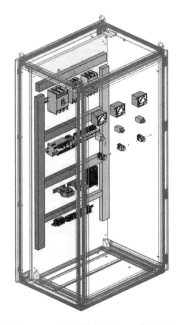

图 7-33　整个箱柜的 3D 模型图

7.4　转换 3D 布局为 2D 安装板布局

在 ELPAN Pro Panel 中，将电控柜安装板的 3D 布局转换为 2D 安装板布局的具体操作过程如下。

❶ 新建一个页，在"新建页"对话框中的"页类型"下拉列表中选择"模型视图（交互式）"选项，如图 7-34 所示。

图 7-34　"新建页"对话框

❷ 选择菜单栏中的"插入"→"图形"→"模型视图"命令，如图 7-35 所示，在新建页中选择一个区域，如图 7-36 所示，弹出"模型视图"对话框。

图 7-35　插入模型视图

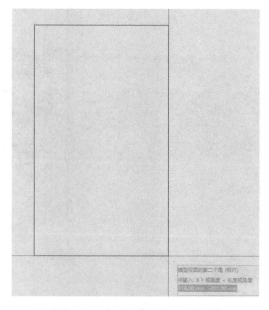

图 7-36　在页面中选择一个区域

❸ 在"模型视图"对话框中，单击"基本组件"后的 … 按钮，弹出"3D 对象选择"对话框，选择"S2:安装板"选项，单击"确定"按钮，如图 7-37 所示。

图 7-37 选择 "S2：安装板" 选项

❹ 在 "模型视图" 对话框中，单击 "组件标签" 后的 ⋯ 按钮，打开 "设置：组件选择" 对话框。在 "配置" 下拉列表中选择 "全部组件" 选项，如图 7-38 所示，单击 "确定" 按钮。

图 7-38 "设置：组件选择" 对话框

❺ 返回 "模型视图" 对话框，在 "视角" 下拉列表中选择 "前" 选项，在 "比例设置" 下拉列表中选择 "适应" 选项，如图 7-39 所示。

❻ 单击 "确定" 按钮，即可生成对应的 2D 安装板布置图，如图 7-40 所示。

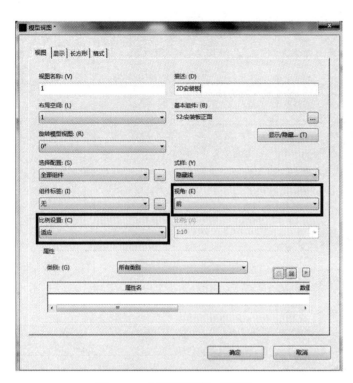

图 7-39　"模型视图"对话框

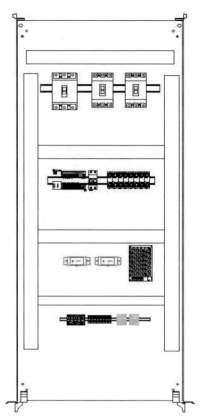

图 7-40　2D 安装板布置图

7.5　思考题

1．EPLAN 中的电气原理图与 EPLAN Pro Panel 中的 3D 模型图有什么联系？

2．EPLAN 中的 2D 安装板布局可以转换为 3D 布局吗？

3．在 EPLAN 的 3D 布局中怎样放置线槽？

4．在 EPLAN 的三维立体空间中，怎样变换电控柜的位置？

5．如何在 EPLAN 的三维立体空间中，调整电气元器件大小与实际大小之间的关系？

EPLAN Electric P8 的快捷键

快 捷 键	说　　明
空格键	定义窗口（选择区域）
Tab	跳转到已标记元素的元素点
Tab/Ctrl+鼠标旋转	插入符号，切换变量
A	在 3D 安装布局导航器中切换基准点
B	创建符号宏
D	多重复制窗口（选择区域）
E	插入椭圆
F	查找
G	组合元素
H	导入安装导轨的长度
I	显示/不显示插入点
J	将安装导轨放置在中间
K	插入圆
L	插入折线
M	插入窗口宏
N	跳转到下一个功能（在放置和分配附加功能时）
O	打开/关闭移动基点
P	输入坐标
Q	打开/关闭逻辑捕捉
R	插入长方形
S	设置增量
T	插入文本
U	显示隐藏元素
V	移动
x 或 X	激活 X 方向的正交功能
X	添加宏：将光标置于水平起始位置
y 或 Y	激活 Y 方向的正交功能
Y	添加宏：将光标置于垂直起始位置

（续表）

快　捷　键	说　　明
Z	打开缩放功能
<	在水平方向激活/取消正交功能
>	在垂直方向激活/取消正交功能
F1	调用上下相关帮助
F2	调用编辑模式（在特定表格显示）
F3	直接编辑（临时）
F4	插入角（右下）
F5	插入角（左下）
F5 或 Ctrl+Enter	更新视图（直接绘制）
F6	插入角（左上）
F7	插入 T 节点（向下）
F8	插入 T 节点（向上）
F9	插入 T 节点（向右）
F10	插入 T 节点（向左）
F12	打开/关闭页导航器
Insert	插入符号
Delete	删除窗口/选择区域的内容
Home	将光标移动到屏幕左边框
End	将光标移动到屏幕右边框
Page Down	后一页
Page Up	前一页
箭头键	在栅格内跳转
Esc	取消操作
Shift+Ctrl+箭头键	跳转到位于同一高度/同一路径的元素点
Shift+F3	插入设备连接点
Shift+F4	插入中断点
Shift+F5	插入电缆定义点
Shift+F6	插入屏蔽点
Shift+F7	插入连接定义点
Shift+F8	插入 T 节点（向左）
Shift+F11	插入黑盒
Shift+←	图片部分向左推移
Shift+<	激活/取消正交功能
Shift+→	图片向右推移
Shift+↑	图片向上推移

（续表）

快 捷 键	说　　明
Shift+↓	图片向下推移
Shift+R	插入相对坐标
Shift+Ctrl+箭头键	跳转到元素点
Ctrl+Insert	插入宏
Ctrl+End	跳转到屏幕的下边框
Ctrl+Home	跳转到屏幕的上边框
Ctrl+Tab	添加宏：切换表达类型
Ctrl+A	全选
Ctrl+B	移动属性文件
Ctrl+C	复制元素到 EPLAN 剪切板
Ctrl+D	编辑对象的属性
Ctrl+F	调用查找功能
Ctrl+G	通过中心插入圆弧
Ctrl+I	将元素插入查找结果列表
Ctrl+J	转到（图形）
Ctrl+M	标记页
Ctrlt+P	打印项目
Ctrl+Q	打开/关闭图形编辑
Ctrl+R	旋转图形
Ctrl+T	插入路径功能文本
Ctrl+V	从 EPLAN 剪切板中插入元素
Ctrl+W	在 3D 安装布局导航器中，设置部件放置选项
Ctrl+X	剪切元素，复制到 EPLAN 剪切板中
Shift+Delete	剪切元素，复制到 EPLAN 剪切板中（同 Ctrl+X）
Ctrl+Y	恢复最后一步
Ctrl+Z	撤销最后一步
Alt+Backspace	撤销最后一步（同 Ctrl+Z）
Ctrl+F2	插入线
Ctrl+F4	关闭图形的编辑功能
Ctrl+F5	创建窗口宏/符号宏
Ctrl+F10	创建页宏
Ctrl+F11	插入结构盒
Ctrl+F12	在打开的窗口之间转换
Ctrl+←	向左跳转到下一个插入点
Ctrl+→	向右跳转到下一个插入点

（续表）

快 捷 键	说　　明
Ctrl+↑	向上跳转到下一个插入点
Ctrl+↓	向下跳转到下一个插入点
Ctrl+Shift+A	插入线性尺寸标注
Ctrl+Shift+D	全局编辑：编辑报表中的项目数据
Ctrl+Shift+E	打开/关闭消息管理
Ctrl+Shift+F	查找功能：跳转到下一条记录
Ctrl+Shift+M	打开/关闭 2D 安装板导航器布局
Ctrl+Shift+R	更改 3D 宏的旋转角度
Ctrl+Shift+U	中断连接
Ctrl+Shift+V	查找功能：跳转到上一条记录
Ctrl+Shift+F6	打开/关闭栅格显示
Alt+F3	显示整页
Alt+F4	退出 EPLAN
Alt+Page Down	查找功能：向前跳转至前一个关联参考功能
Alt+Page Up	查找功能：向后跳转至下一个关联参考功能
Alt+Insert	插入设备
Alt+Delete	删除设备
Alt+←	跳转到左侧同一高度的插入点
Alt+→	跳转到右侧同一高度的插入点
Alt+↑	跳转到上方同一路径的插入点
Alt+↓	跳转到下方同一路径的插入点
Alt+Home	跳转到下一个位置的元素点（可以是元素的终点）